豆是好菜

黄　蓓◎编著

U0376191

吉林科学技术出版社

黄蓓：时尚达人，美食撰稿人，摄影师。热爱生活，用镜头记录美好瞬间，对于吃的、玩的、有趣的会拍照记录、码字随笔。爱生活、爱厨房、爱分享是其对生活的主张，希望能够通过自己的双手和镜头，把最爱的美味、美景与朋友分享。

前言

　　豆类是营养、均衡膳食不可缺少的部分，能够为人体提供多种营养成分。豆类品种很多，分类也比较繁杂，但是不管怎样，豆类中的每一员都有着举足轻重的作用。无论是鲜豆类的毛豆、豌豆，还是干豆类的黄豆、绿豆、红豆，以及豆制品中的豆浆、豆腐等，它们都有着自己的作用和功效，对人们的健康意义远比肉禽类大很多。

　　近年来各种豆类及制品的营养和功效越来越受到大众的认识，也正在成为一种时尚被不同年龄段的人们所追捧。越来越多的人们开始自己磨豆浆、自己做豆花、自己做豆腐菜等。

　　《豆是好菜》中介绍的每款家常菜式，取材容易、制作简便、营养合理，而且图文精美，一些菜式中的关键步骤还配上多幅彩图加以分步详解，可以使您抓住重点，快速掌握，真正烹调出美味的家常菜。另外对于一些重点的菜式配以二维码，您可以用手机或平板电脑扫描二维码，在线观看整个菜品制作过程的视频，真正做到图书和视频的完美融合。

　　或许是太多繁复的食物充斥在我们的生活中，很少再能静下来温习那些最根本的食物、营养以及味道。但在紧张工作之余，我们也不妨暂且抛下俗务，走进家庭厨房的小天地，加工制作各种美味的豆类菜式，也让生活变得多姿多彩。

目录
contents

第一章
豆是爽口冷菜

第二章
豆 是美味热菜

第三章
豆 是营养汤羹

第四章
豆 是小食饮品

豆类小百科

我国传统饮食讲究"五谷宜为养，失豆则不良"，意思是说五谷是有营养的，但没有豆子就会失去平衡。现代营养学也证明，每天坚持食用豆类食品，只要几周的时间，人体就可以减少脂肪含量，增加免疫力，降低患病的概率。因此，很多营养学家建议，用豆类食品代替一定量的动物性食品，是解决部分人群营养不良和营养过剩双重负担的好方法。

豆类蛋白质含量高、质量好，其营养价值接近于动物性蛋白质，是最好的植物蛋白。豆类氨基酸的组成接近于人体的需要，是我国人民膳食中蛋白质的良好来源。豆类所含的脂肪以大豆为最高，因而可作食用油的原料；其他豆类含脂肪较少。豆类含糖量以蚕豆、红豆、绿豆、豌豆含量较高，为50%；大豆含糖量较少，约为25%，因此，豆类供给的热量也相当高。豆类中维生素以B族维生素为最多，比谷类含量高。此外，还含有钙、磷、铁、钾、镁等，是膳食中难得的高钾、高镁、低钠食品。

★ ══ 豆的种类 ══ ★

豆类又称豆子、豆类植物等，在学术上都是属于豆科类的植物，其品种很多，分类也比较繁杂。这里我们从商品角度，把豆类分为干豆类、鲜豆类、豆制品等。其中干豆类又可细分为大豆、杂豆；鲜豆类可细分为种子、豆荚、豆芽、豆苗等；豆制品又可以分为发酵性豆制品和非发酵性豆制品等。

另外根据豆类的营养素种类和含量也可将豆类分为两大类。一类以黄豆为代表的高蛋白质、高脂肪豆类；另一种豆类则以碳水化合物含量高为特征，如绿豆、红豆、鲜豆、豆制品等，不但可做菜肴，而且还可以作为调味品的原料。

🔶 干豆类

说到干豆，很多人可能会马上想到黄豆。其实干豆又称大豆，其不仅仅包括黄豆，还包括黑豆，青豆等；另外干豆还包括各种杂豆，比如我们平时见到的绿豆、红豆、小豆、芸豆等。

通常，杂豆的淀粉含量达55%，而脂肪含量只有2%，所以常被并入粮食类中。杂豆的蛋白质含量一般都在20%以上，蛋白质的质量较好，富含赖氨酸，但是蛋氨酸不足，因此可以很好地与谷类粮食配合食用，发挥营养互补作用。

与杂豆相比，大豆具有较高的脂肪含量，为15%～20%，其中不饱和脂肪酸占85%，且消化率高，还含有较多磷脂；大豆蛋白质含量也较高，为35%～40%，除蛋氨酸外，其余必需氨基酸的组成和比例与动物蛋白相似，与杂豆一样富含赖氨酸，是与谷类蛋白质互补的天然理想食品。

🔶 鲜豆类

鲜豆又称豆类蔬菜，是我们生活中常见的蔬菜类种。鲜豆是没有完全成熟的豆类种子，品种如毛豆、豌豆等；而豆芽是干豆浸泡后萌发的嫩芽；豆荚则是豆子还没有长成时的幼嫩果实，品种有四季豆、长、荷兰豆、扁豆等。

大部分人只知道鲜豆含有较多的优质蛋白和不饱和脂肪酸，矿物质和维生素含量也高于其他蔬菜，却不知道它们还具有重要的药用价值。中医认为，鲜豆性平，有化湿补脾的功效，对脾胃虚弱的人尤其适合。但是，根据鲜豆种类的不同，它们的食疗作用也有所区别。

🔶 豆制品

豆制品是以大豆、小豆、绿豆、豌豆、蚕豆等豆类为主要原料，经加工而成的食品。大多数豆制品是由大豆的豆浆凝固而成的豆腐及其再制品。豆制品主要分为两大类，即发酵性豆制品和非发酵性豆制品。发酵性豆制品是以大豆为主要原料，经微生物发酵而成的豆制品，成品如腐乳、豆豉、豆酱、酱油等；非发酵性豆制品是指以大豆或其它杂豆为原料制成的豆腐，或豆腐再经卤制、炸卤、熏制、干燥的豆制品，如豆腐、豆浆、豆腐丝、豆腐皮、豆腐干、腐竹、素火腿等。

豆是好菜

黄豆

黄豆为豆科大豆属一年生草本植物，原产中国，当时的许多重要古书如《诗经》《荀子》《管子》《墨子》《庄子》里，都是菽粟并提，其中的"菽"即为现在的黄豆，约有五千年的栽培历史，在公元前开始向世界各地传播，现在已遍布世界各地。

黄豆在豆类中营养价值非常高，有"豆中之王"的美称，含有蛋白质、脂肪、铁、磷、钙及维生素A、C、B族维生素等，其中所含铁质不仅量多，而且易于被人体吸收和利用。

黄豆的用途非常广泛。黄豆直接烹制菜肴，一般可用烧、闷、炖、煨和煮等方法成菜，也可制作成各种口味的小菜上桌；黄豆磨制成黄豆粉，可以制作多款小吃、糕点等。

此外由黄豆加工而成的其他制品和调味品也有很多，如黄豆酱油、黄豆大酱、黄豆油、黄豆饼、豆浆、豆腐、腐竹、豆腐皮等等。

蚕豆

蚕豆为全球栽培种植比较普遍的豆类农作物，一年或两年生草本植物，起源于亚洲西南和非洲北部，栽培历史悠久。我国蚕豆相传为西汉张骞自西域引入。《本草纲目》称蚕豆"豆荚状如老蚕"，故名，另一说法是蚕豆的豆荚成熟时正当春蚕上蔟之时，故名蚕豆。

蚕豆中含有的卵磷脂是人类大脑和神经组织的重要组成成分，同时还富含胆碱，十分益于增强记忆力。如果你正在应付考试或从事脑力工作，适当进食蚕豆会有一定功效。

蚕豆中的蛋白质和碳水化合物的含量比多数其他豆类要高，另外还含有多种矿物质和微量元素，有益气健脾、利湿消肿等功效。

绿豆中以蛋白质和碳水化合物最为丰富，脂肪含量较少，此外还含有一定量的铁、磷、钙和胡萝卜素、烟酸等维生素，这些物质对促进和维持人体的各种不同类型生理机能都有一定的作用，并且有清热解暑、利水消肿、润喉止渴、明目降压等功效。

绿豆是我国传统豆类食物，一年生草本植物。绿豆原产印度、缅甸一带，现主要分布于我国、印度、伊朗及东南亚各国，非洲、欧洲、美洲有少量栽培。我国绿豆的主要产区集中在黄河、淮河流域平原的河南、河北、山东、安徽等省。

红豆为两年生草本植物，虽然名为红豆，并不表示其粒色只为红色。红豆的粒色除了常见的红色外，还有白色、杏黄色、绿色、褐色、黑色、花斑和花纹等多个品种。

红豆颗粒含蛋白质19%～22%，并有多种维生素和丰富的钙、磷、铁等元素，但营养成分不如大豆，有行水清热、消肿、排脓等药用功效，主治水肿、脚气、热毒痈肿等症。

红豆是非常适合女性的食物，因为其铁质含量丰富，具有很好的补血功能。不管是针对怀孕妇女产后缺乳情形的改善，或是一般女性经期时不适症状的纾解，时常喝一碗暖暖的红豆粥，有比较好的补益功效。

黑豆原产我国，豆科草本植物大豆的黑色种子。黑豆之前在我国主要用于牲畜饲料，近年来，由于黑豆所含的营养价值被人们所了解，现在已日渐被人们所重视，成为具有食疗保健功效的食材。

四季豆富含蛋白质、多种氨基酸，可健脾胃，增进食欲。夏天多吃一些四季豆，有消暑、清口作用。

四季豆有较高的营养和药用价值，而且其含钠量非常少，是心脏病、高血压者比较理想的豆类蔬菜。

四季豆为一年生缠绕草本植物，为家庭中常见的豆类蔬菜之一。四季豆起源于美洲中部和南部地区，明朝后期被引种进我国，明朝李时珍《本草纲目》和清朝《三农记》均有记载，现四季豆在我国南北各地也均有种植，一年四季均有上市。

豌豆原产于埃塞俄比亚、高家索南部及伊朗等地，后传到世界各地。我国豌豆栽培历史比较悠久，历代文献中均有栽培、食用豌豆的记载，李时珍在《本草纲目》称"其苗柔弱宛宛，故得豌名"。现我国各地均有栽培，但豌豆嫩荚以江南各省较普遍。

豌豆与一般蔬菜有所不同，其所含的赤霉素和植物凝素等物质，具有抗菌消炎，增强新陈代谢的功能，有清肠的功效。

豌豆以及豌豆的嫩叶中富含维生素C和能分解体内亚硝胺的酶，可以分解亚硝胺，具有抗癌、防癌的作用。

豇豆又称长豇豆、角豆、长等，为一两年生缠绕草本植物，起源于非洲东北部和印度。我国为豇豆的第二起源中心，明代已广泛栽培，公元前3世纪传入欧洲，16世纪传到美洲，现广泛分布于世界各地。

豇豆为夏秋时节常见蔬菜，鲜嫩的豆荚既可单炒，又可凉拌、烧烩等，另外可制成酸豇豆、豇豆干、腌豇豆和泡菜。

毛豆

毛豆又称菜用大豆等，是大豆作物中专门鲜食嫩荚的蔬菜用大豆。新鲜毛豆的豆荚较硬实，每荚有2~4粒鲜豆。毛豆的颜色应是绿色或绿白色，豆上有半透明的种衣紧紧包裹(种子周围白色膜状物)，用手掐有汁水流出。

毛豆既富含植物性蛋白质，又有非常高的钾、镁元素含量，维生素B族和膳食纤维特别丰富，同时还含有皂甙、植酸、低聚糖等保健成分，对于保护心脑血管和控制血压很有好处。此外，夏季吃毛豆还能预防因为大量出汗和食欲不振造成营养不良、体能低落、容易中暑等情况。

豆芽是黄豆、绿豆、黑豆等经加工处理发出的嫩芽，是一种营养丰富的豆类蔬菜。传统的豆芽是指黄豆芽，后来市场上逐渐开发出黑豆芽、蚕豆芽等。

豆芽

虽然豆芽均性寒味甘，但功效不同。绿豆芽容易消化，具有清热解毒、利尿除湿的作用；黄豆芽健脾养肝，春季吃黄豆芽有助于预防口角发炎；黑豆芽养肾，含有丰富的钙、磷、铁、钾等矿物质及多种维生素；豌豆芽护肝，富含维生素A、钙和磷等；蚕豆芽健脾，有补铁、钙、锌等功效。

豆苗

豌豆、蚕豆、萝卜等种子在萌发过程中胚轴不伸长，子叶收缩，由胚芽生长形成肥嫩的茎和叶，又称为嫩苗。市场上除了比较常见的豌豆苗外，近年来黑豆苗也受到大众欢迎。

豆苗含有比较丰富的蛋白质、纤维素，还含有钙、磷、铁等矿物质和多种维生素，有和中下气、止渴通乳、利小便等功效。豆苗质地细嫩，其叶清香、质柔嫩、色香味俱佳，在烹调中主要用拌、炒、爆等方法制作菜肴，或作为各种肉菜的围边式垫底。

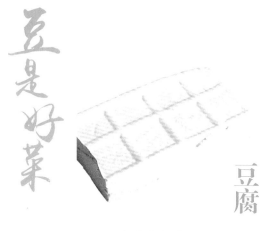

豆是好菜

豆腐

豆腐是以大豆为原料，经过多种步骤加工而成，为常见豆制品烹调原料。豆腐是中国人发明的，其最早的记载见于五代陶谷所撰《清异录》。在明代李时珍的《本草纲目》中，记载豆腐为公元前2世纪，由淮南王刘安发明的。

豆腐含有相当丰富的蛋白质、钙、磷、铁及B族维生素等，为一种高蛋白、低脂肪的食物，有益中气、和脾胃、健脾利湿、清肺健肤、清热解毒、下气消痰的功效，可用于脾胃虚弱之腹胀、吐血以及水土不服所引起的呕吐、消渴、乳汁不足等症。

豆腐中只含有豆固醇，而不含胆固醇，豆固醇具有抑制人体吸收动物性食品所含胆固醇的作用，因此有助于预防心血管系统疾病。

豆腐中的蛋白质含量丰富，而且豆腐蛋白属完全蛋白，不仅含有人体必需的八种氨基酸，而且比例也接近人体需要，营养价值较高，为高血压、高血脂、高胆固醇症及动脉硬化、冠心病患者的保健食品。

豆浆

豆浆是把大豆用清水浸泡后磨碎、过滤、煮沸而成。豆浆营养丰富，易于消化吸收，更是防治高血脂、高血压、动肪硬化、缺铁性贫血、气喘等疾病的理想食品。春秋饮豆浆，滋阴润燥，调和阴阳；夏饮豆浆，消热防暑，生津解渴；冬饮豆浆，祛寒暖胃，滋养进补。

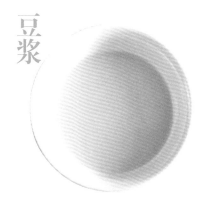

用黑豆加工而成的黑豆浆，其营养成分比黄豆浆更全面一些。黑豆不含胆固醇，只含植物固醇，虽然植物固醇不被人体吸收利用，有抑制人体吸收胆固醇的效果，所以饮用黑豆浆能降低血液中胆固醇的作用。

未煮熟的豆浆存在含量较高的有害物质，胰蛋白酶抑制剂的失活率是40%，未达到100%失活率的要求，食用是不安全的。豆浆必须在煮沸腾后，再煮10分钟，饮用才安全。

豆腐皮中含有丰富蛋白质，而且豆腐蛋白属完全蛋白，不仅含有人体必需的8种氨基酸，而且其比例也接近人体需要，营养价值较高。

豆腐皮含有的大量卵磷脂，卵磷脂可除掉附在血管壁上的胆固醇，防止血管硬化，预防心血管疾病，保护心脏。

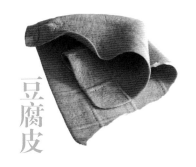
豆腐皮

豆腐皮是将经过挑选并浸泡后的豆类磨成浆汁，放入锅内煮至沸，此时浆汁的表面凝结有一层薄膜，用长竹筷子将薄膜挑出并将直成豆皮，将豆皮从中间粘起成双层半圆形，再经过烘干即成。

豆腐干

豆腐干为家庭比较常见的一种豆制品，其制作方法是以黄豆或其他豆类为原料，经过浸泡、研磨、出浆、凝固、压榨等多道工序生产加工而成的半干性美味豆制品。

豆腐干营养丰富，既香又鲜，久吃不厌，被誉为"素火腿"，为物美价廉，深受大众喜欢的制品，也是高血压、冠心病、动脉硬化者理想保健食品。

腐竹

腐竹中的营养成分与豆腐皮近似，含有蛋白质、脂肪、烟酸、钙、铁、锌、硒等多种微量元素，有清热润肺、止咳消痰的功效，对于防止胆固醇过高、血管硬化、预防心血管疾病等有比较好的食疗效果。

腐竹为豆制品加工性烹饪原料，是选用颗粒饱满的黄豆，经过多道工序加工而成。腐竹是中国人很喜爱的一种传统食品，具有浓郁的豆香味，同时还有着其他豆制品所不具备的独特口感。

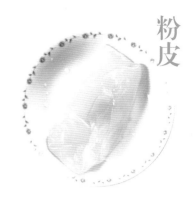

粉皮

粉皮是用绿豆淀粉或其他豆制品的粉类，如蚕豆淀粉、豌豆淀粉、红薯淀粉、马铃薯淀粉等加工而成的片状制品。粉皮的制作原理与粉丝相同，需要经过调糊、成型、摊晾等多道工序加工而成。粉皮产品一般有圆形粉皮或方形片状粉皮，并有干、湿两种粉皮，其中湿粉皮就地销售，而干粉皮可保存较长的时间，并且适宜远销。

粉皮主要营养成分为碳水化合物，还含有少量蛋白质、维生素A、维生素B和矿物质，有降低血压、清火解暑、健胃生津，净化血液等功效，经常食用有很好的保健作用。

粉皮柔软滑润，片薄平整，色泽光亮，半透明，富有弹性和韧性，在烹调中可直接用拌或炝的方法制成小吃或冷菜；搭配荤素原料，可以用炒、煮、炖等方法制成热菜食用。

粉丝

粉丝为粮豆制品类加工性烹饪原料，它是由豆类，如大豆、绿豆、豌豆或薯类，如红薯、芋头等加工制成的线状食品。我国创制粉丝年代已久，在北魏《齐民要术》中就有详细的制粉丝的方法，现全国各地均有生产。

粉丝富含膳食纤维，可促进肠蠕动、减少食物在肠道中停留时间，其中的水分不容易被吸收。另一方面膳食纤维在大肠内经细菌发酵，直接吸收纤维中的水分，使大便变软，产生通便作用，有防治便秘的功效。

粉丝在烹调中可作主食，像面条一样煮制，也可制作各式菜肴，用拌、炒、烧、煮等方法烹制。此外粉丝还可以切碎用于包子、饺子、春卷的馅料。

酱油

酱油是用黄豆或面粉、麸皮等，经蒸罨发酵，加上精盐和清水后制成酱的上层液体状物质。酱油除含有蛋白质、多种氨基酸外，还含有糖类和钙、镁、铁等矿物质，其性寒味咸，有清热、解毒、除烦的功效。

酱油按生产方法不同可分为天然发酵酱油、人工发酵酱油两类，其中市场上大量生产的为人工发酵酱油。酱油滋味鲜美、醇厚柔和、咸淡适口，能增加和改善菜肴的口味，还能增添和改变菜肴的色泽，为烹调中应用非常广泛的调味品，其主要品种有生抽、老抽、红酱油、白酱油、鱼露等。

豆豉

豆豉是以黄豆、黑豆经蒸煮、发酵而成的颗粒状食物。豆豉又分为干豆豉、姜豆豉、水豆豉三种。干豆豉光滑油黑，味美鲜浓，多用作配料和调料；水豆豉和姜豆豉均以黄豆为原料，经煮熟、发酵后，加盐、酒、辣椒酱、香料、老姜米拌匀即成姜豆豉；如再加煮豆水即为水豆豉。

豆瓣酱

成熟的豆瓣醅如配以辣椒酱、香料粉即成辣豆瓣；如配入香油、金钩、火腿等，即成香油豆瓣、金钩豆瓣、火腿豆瓣等。辣豆瓣色泽红亮油润，味辣而鲜，是川菜的重要调味品，以郫县所产为佳。咸豆瓣黄色或黄褐色，有酱香和酯香气，味鲜而回甜，为佐餐佳品，以郫县和资阳临江所产最为著名。

豆瓣酱为四川特产调味品，以胡豆为原料，经去壳、浸泡、蒸煮制成曲，然后按传统方法下池，加上醪糟、白酒、盐水淹及豆瓣，任其发酵而成。

豆是好菜

豆类小窍门

保存鲜豌豆小窍门

鲜豌豆一般在每年5月下旬至6月中旬上市,在秋冬季很难购买到,其实鲜豌豆如果保存得当,可以保存半年而不变质。

保存鲜豌豆的具体方法如下:把鲜豌豆放入沸水锅内,加上少许盐烫约1分钟,捞出后迅速放冷水中降温,使豌豆快速完全冷却,捞出、沥水,分成小份包装,放入冰箱冷冻室内冷冻,食用时根据菜肴的需要量取出即可。

焯豆菜不要放碱

有的时候,家庭在焯烫豆菜的时候,喜欢加入少许的食用碱,食用碱能使豆类,如豇豆、四季豆等色泽碧绿,使原料组织膨胀,易于煮烂,从而缩短烹调时间。但是从营养角度来说,这样做会破坏豆类中的B族维生素、维生素C、维生素K等营养物质,严重降低了菜肴的营养价值,所以在焯豆菜时尽可能不放食用碱。

蚕豆入菜有窍门

在制作鲜蚕豆菜肴时,需要先把蚕豆放淡盐水中清洗并浸泡10分钟,再放入沸水锅内焯烫一下,取出、用冷水过凉后制作菜肴,可有效地去除鲜蚕豆的豆腥味。

用老蚕豆制作菜肴需要剥去外皮,简便的方法是把老蚕豆放入陶瓷容器内,加入少许食用碱,倒入沸水闷1分钟,取出用冷水冲洗干净,即可非常方便地剥去外皮。

四季豆巧去豆腥

在烹调四季豆之前,必须将豆筋摘净,否则既影响口感,又不易消化。在烫煮四季豆时,可在沸水锅内加些盐,如此可烫出漂亮的鲜绿色,而且口感佳,维生素的损失也少。另外四季豆必须充分加热、彻底炒熟才能食用。

🥜 大豆不宜生炒食用

大豆是人们摄取植物蛋白质的一个重要来源，而大豆制品的种类很多，营养丰富。有人将大豆直接干炒后，制成盐卤豆或五香豆等食用，其实这种吃法很不好。其原因是大豆含有一种胰蛋白酶抑制物，它可以抑制小肠胰蛋白酶的活力，因而阻碍大豆蛋白质的消化吸收和利用。干炒大豆虽然豆腥味除去，气味浓香，看起来熟了，但是其中的胰蛋

白酶抑制物却没有被高热充分破坏。另外干炒时温度不易控制恒定，蛋白质会因温度过高受到破坏而大大降低营养价值，所以大豆不宜干炒食用。

🥜 大豆杂豆不宜与果品混放

有些家庭喜欢将大豆、杂豆与一些水果混放在一起，以为这样可以延长大豆、杂豆以及果品的保存期限，其实这样做是完全错误的。因为大豆、杂豆与果品贮放在一起，会使水果变得干瘪，而大豆、杂豆也会因吸收果品的水分而加速霉烂，所以大豆、杂豆不宜与果品混放在一起。

🥜 红豆粥要加少许盐

红豆被认为是营养成分极高的主食类食物，但是在人体消化过程中，红豆的豆类纤维却容易在肠道发生产气现象，因此肠胃较弱者，在食用红豆后常会有胀气等不适感觉。另外一般人在食用红豆时都习惯加些糖来增加口感，不过从中医的观点却认为"甘令人满"，因此脾胃气虚的人服用甜食过量，的确是较容易有饱胀的不适。所以在煮红豆粥时应该加少许盐，使之产生"软坚消积"的作用，就有助于排除胀气了。

🥜 勿用铁锅煮绿豆

使用铁锅有许多益处，但若用铁锅煮绿豆会出现变黑的状况，这是因为绿豆中含有单宁质，遇到铁后发生化学反应，生成黑色的单宁铁，所以会变黑。

另外用铁锅煮绿豆不仅色泽变黑，而且味道也比较差，而且影响人体的消化吸收，所以勿用铁锅煮绿豆。

豆腐巧搭配，营养更丰富

食物中蛋白质营养价值的高低，取决于组成蛋白质的氨基酸的种类、数量与相互间的比例。如果蛋白质中的氨基酸种类齐全，数量多，相互间的比例适当，那么这种食物蛋白质的生物价值就高，也就是说它的营养价值高。否则即便食物中蛋白质的含量很高，它的营养价值也不高。

豆腐的蛋白质含量虽高，但由于它的蛋白质中一种人体必需的氨基酸-蛋氨酸的含量偏低，所以它的营养价值便被打折扣了。如何扬长避短呢？办法也很简单，只需将其他动植物食品与豆腐一起烹调就可。如在烹调豆腐中加入各种肉末，或用鸡蛋裹豆腐油煎，便能更充分利用其中所含的丰富蛋白质，提高其营养档次，并且可使营养均衡丰富。

食用豆腐别过量

豆腐是人们公认的保健佳品，适量地食用豆腐确实对人体健康大有好处，但是食用豆腐并非多多益善，过量也会危害健康。

制作豆腐的大豆含有皂角甙，它能预防动脉粥样硬化，但又能促进人体内碘的排泄，长期过量食豆腐很容易引起碘的缺乏，发生碘缺乏病。

豆腐中含有极为丰富的蛋白质，一次食用过多，不仅阻碍人体对铁的吸收，而且容易引起蛋白质消化不良，出现膨胀、腹泻等不适症状。

在正常情况下，人吃进体内的植物蛋白质，经过代谢成为含氮废物，由肾脏排出体外。若大量食用豆腐，会使体内生成的含氮废物增多，加重肾脏的负担。

豆腐保鲜小窍门

很多人喜欢将买回来的豆腐，直接带塑料袋放入冰箱内，其实这种做法不科学。因为这样一方面豆腐会出水，另一方面豆腐也易于变酸。因此豆腐买回来后为了保鲜，应放在碗里，加上清水浸泡，再放入冰箱内保存，而不要直接带塑料袋保存。

🔷 巧切豆腐干

切豆腐干时，先在锅中放入适量清水，加入少许精盐，放入豆腐干煮几分钟，捞出后趁热摊平，用重物压实，晾凉后再切制，切制时既省力又不碎不乱，容易切成很细的豆腐干丝。

🔷 豆制品腥味巧去除

豆腐、豆腐干等豆制品，往往有一股豆腥味，在烹制豆制品前，可把豆制品放在淡盐水中浸漂，不仅能去除异味，并且能使豆制品色白，质地坚实。

另外也可将豆制品放入冷水锅内焯烫片刻，捞出，用冷水过凉，也可去除豆腥味，并可以使豆制品不碎。

🔷 太绿的粉皮假货多

粉皮的种类有许多，其中以绿豆制品为佳。真正的绿豆粉皮色泽均匀，呈白色或青色，手感有韧度、有弹力，口感筋道而不糟软，也不易碎裂。而假冒的绿豆粉皮掺加了土豆、玉米等其他的淀粉，其硬度大、色泽发暗，或者加上一些色素，颜色特别绿，而且糟软，易于断裂，缺乏弹性和张力。

🔷 豆腐干制作窍门

在制作豆腐干菜肴时最好先把切成丝、条的豆腐干放入烧热的油锅内煸炒一下，取出后加入其他配料及调味料拌制成冷菜；或者在煸炒豆腐干的锅内放入配料及调味料，继续加工成热菜上桌。经过煸炒后的豆腐干没有了豆制品中常见的豆腥味，而且豆腐干也更加鲜香可口。

🔷 腐竹宜用温水涨发

发制腐竹时，要用温水涨发，而不要用冷水，因为腐竹呈"卷棒"状，冷水温度低，因此冷水向腐竹内部渗透比向表皮扩散困难得多，腐竹表皮先吸收水分，容易造成外皮已化，而内部仍未发透的现象。如果采用温水或热水涨发，因水温高，水分在腐竹中扩散、吸附的速度加快，在短时间内，水分即可渗到腐竹内部，使其里外软硬一致。

第一章

豆是
爽口冷菜

凉拌三丝

原料 × 绿豆芽250克，干豆腐150克，青笋100克，猪肉末50克。

调料 × 香葱、蒜瓣各10克，精盐2小匙，白糖、鸡精各1小匙，米醋、香油各少许，植物油1大匙。

制作步骤

1 绿豆芽去根，洗净；干豆腐切成丝；青笋去根、去皮，洗净，切成细丝；香葱去根，洗净，切成小段；蒜瓣去皮，洗净，剁成末。

2 净锅置火上，加入植物油烧至六成热，下入猪肉末煸炒至熟香，取出、凉凉。

3 锅置火上，加入清水烧沸，下入干豆腐丝焯烫一下，捞出，再放入青笋丝焯烫一下，捞出、沥水，然后下入绿豆芽焯至断生，捞出。

4 将焯烫好的绿豆芽、青笋丝、干豆腐丝用清水过凉，沥净水分，放在容器内，加入精盐、白糖、鸡精、米醋、香葱段、蒜末和香油搅拌均匀，码放在大盘内，撒上熟肉末即可。

豆是好菜

豆干嫩香芹

原料 × 豆腐干250克，香芹100克，红甜椒1个。

调料 × 精盐1小匙，味精1/2小匙，酱油2小匙，植物油、香油各适量。

制作步骤

1　豆腐干用温水稍洗，沥净水分，切成丝；红甜椒去蒂、去籽，洗净，切成粗丝，放入沸水锅内，加上少许精盐焯烫一下，捞出、过凉，沥水。

2　把香芹切去叶梢，留香芹嫩茎，洗净后放入沸水锅内焯烫一下，捞出，摊开、凉凉，切成小段。

3　将香芹段、豆腐干丝、甜椒丝放在容器内，加上精盐、味精、酱油、植物油、香油拌匀，装盘上桌即成。

油辣腐干贡菜

原料 × 豆腐干200克，贡菜100克，青椒、红椒各25克。

调料 × 葱丝10克，姜丝15克，精盐1小匙，胡椒粉1/2小匙，辣椒粉1大
匙，香油2大匙。

制作步骤

1 豆腐干洗净，切成粗丝；贡菜去根，用清水洗净，切成小段，放入
沸水锅内焯烫一下，捞出、过凉，沥净水分；青椒、红椒分别去
蒂、去籽，切成细丝。

2 净锅置火上，加上香油烧至六成热，加入姜丝炒出香味，倒入辣椒
粉快速炒匀，出锅成油辣椒。

3 把贡菜段、豆腐干丝，青椒丝、红椒丝、葱丝放在容器内，加上精
盐、胡椒粉、油辣椒拌匀，装盘上桌即可。

炝拌豆芽

原料、调料 ×

绿豆芽······ 500克

红椒·············1个

香菜··········· 25克

干辣椒········ 50克

蒜瓣··········· 25克

精盐··········2小匙

香油··········2大匙

制作步骤

1 红椒去蒂、去籽，洗净，切成细丝；香菜洗净，去根，切成小段；蒜瓣剥去外皮，按碎，切成碎末。

2 干辣椒去蒂、去籽，切成小段；净锅置火上，加入香油烧至五成热，放入干辣椒段炸约10秒，离火，倒在碗内成辣椒油。

3 绿豆芽去根，洗净，放入清水锅内焯烫至熟嫩，捞出，用冷水过凉，沥净水分。

4 把绿豆芽放在干净容器内，加上红椒丝、香菜段、精盐、蒜末、辣椒油搅拌均匀，装盘上桌即成。

豆是好菜

葱油黄豆芽

原料 × 黄豆芽300克，红椒、青椒各50克。

调料 × 大葱25克，精盐1小匙，味精、白糖各少许，植物油1大匙。

制作步骤

1 黄豆芽择洗干净，沥去水分；红椒、青椒分别去蒂、去籽，洗净，切成均匀的细丝；大葱去根，取葱白，切成细丝，放入油锅内煸炒出香味，出锅倒在小碗内成葱油。

2 净锅置火上，放入适量清水，下入黄豆芽，用旺火烧沸，焯约4分钟，下入红椒丝、青椒丝，再沸后一起捞出，沥水。

3 把黄豆芽、红椒丝、青椒丝放入大碗内，加入精盐、味精、白糖拌匀，淋上葱油，装盘上桌即可。

黄瓜干豆腐

原料 × 干豆腐、黄瓜各200克，香菜25克，红辣椒丝15克。

调料 × 葱丝10克，精盐1小匙，味精、白糖各1/2小匙，米醋、酱油各2
小匙，香油1大匙。

制作步骤

1 把黄瓜洗净，与干豆腐分别切成丝；香菜择去根，洗净，切成3厘米
长的小段。

2 锅里放入清水烧沸，下入干豆腐丝焯3分钟，放入红辣椒丝稍烫，捞
出、沥水，放入冷水中浸泡至凉透，捞出、沥水。

3 黄瓜丝放在盘内摊平，干豆腐丝、红椒丝放在黄瓜丝上，撒上葱
丝、香菜段；把香油、酱油、米醋、精盐、味精、白糖调匀成味
汁，浇在盘内黄瓜丝、干豆腐丝上即可。

拌豆腐丝

原料、调料 ×　五香豆腐丝250克，胡萝卜1根（约重150克），香菜25克，蒜瓣15克，精盐1小匙，辣椒油1大匙。

制作步骤

1　胡萝卜洗净，削去外皮，去掉菜根，放在案板上，先切成薄片，再切成细丝；香菜去根和老叶，洗净，切成小段；蒜瓣剥去外皮，拍碎，剁成蒜蓉。

2　将五香豆腐丝、胡萝卜丝、香菜段放入大碗中，撒上蒜蓉和精盐调拌均匀。

3　把辣椒油放入净锅内加热，出锅淋在五香豆腐丝上面，食用时搅拌均匀，装盘上桌即成。

菠菜干豆腐

原料 × 干豆腐250克，菠菜200克。

调料 × 红干椒、葱丝各15克，花椒15粒，精盐、白糖、香醋各2小匙，
植物油1大匙。

制作步骤

1 菠菜择洗干净，下入沸水锅中焯烫一下，捞出过凉，沥干水分，切
   成段；干豆腐洗净，切成小条；红干椒洗净，切成段。

2 将菠菜段放入盘中，加入干豆腐条、葱丝、香醋、白糖、精盐调拌
   均匀。

3 净锅置火上，加入植物油烧至五成热，下入花椒，用小火炸出椒香
   味，捞出花椒不用，离火后放入红干椒段煸炒至酥脆，浇在菠菜
   段、干豆腐条上即成。

豆腐白菜心

原料 × 干豆腐、大白菜各250克，香菜15克。

调料 × 大葱25克，花椒10粒，黄豆酱1大匙，精盐、味精各少许，植物油4小匙。

制作步骤

1　大白菜去掉菜根和菜帮，取嫩白菜心，切成细丝；干豆腐切成细丝；大葱洗净，切成细丝；香菜去根和老叶，切成3厘米长的小段；花椒粒洗净。

2　把白菜心丝放在容器内，加上干豆腐丝、大葱丝、香菜段，再加上精盐、味精拌匀。

3　净锅置火上，放入植物油烧热，下入花椒粒，用小火炸至出香味，捞出花椒不用，下入黄豆酱煸炒至出酱香味，出锅，倒在白菜心和干豆腐丝上拌匀即可。

豆是好菜

三丝素鸡

原料、调料 ×

素鸡豆腐… 200克

芹菜……… 150克

胡萝卜…… 100克

蒜瓣……… 15克

芥末、蚝油各1/2小匙

米醋、辣椒油各1小匙

蒸鱼豉油……2小匙

麻辣油………1大匙

蘑菇精……… 少许

白糖、香油各适量

制作步骤

1 把芹菜去除菜根，撕去老筋，用清水洗净，切成丝；素鸡豆腐切成丝。

2 胡萝卜洗净，切成丝，放入沸水锅内焯烫至熟，捞出、过凉，沥干水分。

3 蒜瓣拍松，剁成蒜蓉，放在碗内，加入芥末、蚝油、辣椒油、麻辣油、蒸鱼豉油、蘑菇精、白糖、香油、米醋搅拌均匀成味汁。

4 把芹菜丝、胡萝卜丝、素鸡豆腐丝放入大碗内，加入味汁调拌均匀，装盘上桌即可。

黄瓜拌豆干

原料 × 豆腐干200克，黄瓜150克，水发黄豆75克，红辣椒1根。

调料 × 花椒10粒，精盐、辣椒油、香油各1/2小匙，白糖、米醋各1大匙，植物油2大匙。

制作步骤

1　把豆腐干用热水浸烫一下，捞出，沥水，切成小丁；黄瓜、红辣椒去蒂、洗净，均切成小丁；将水发黄豆放入清水锅内煮至熟，捞出、过凉，沥净水分。

2　净锅置火上，加上植物油烧至五成热，放入花椒粒炸至酥香，捞出花椒不用，把热油放在小碗内成花椒油。

3　把豆腐干丁、熟黄豆、红辣椒丁、黄瓜丁放入碗中，加入辣椒油、香油、精盐、白糖、米醋、花椒油拌匀，装盘上桌即成。

香卤豆腐

原料 × 老豆腐2块（约750克）。

调料 × 香葱、红辣椒各25克，精盐2小匙，豆瓣酱、沙茶酱各1大匙，酱油2大匙，香油1小匙，高汤、植物油各适量。

制作步骤

1 香葱去根和老叶，洗净，切成小段；红辣椒洗净，去蒂、去籽，切成碎末。

2 老豆腐洗净，切成大厚片，放入烧至六成热的油锅内炸至表皮变硬，捞出、沥油。

3 锅内留少许底油，复置火上烧热，下入红辣椒末炝锅，加上高汤、沙茶酱、豆瓣酱、精盐、酱油煮至沸，加入豆腐块，用小火卤约20分钟至入味，出锅盛入碗中，撒上香葱段，淋上香油即可。

鸡丝凉皮

原料 × 凉皮250克，鸡胸肉150克，花生米50克，芝麻15克。

调料 × 香葱、蒜瓣各10克，海鲜酱油2小匙，麻辣油、麻辣酱各少许，豆豉酱、料酒各1大匙，花椒粉、鸡精、香油各1小匙，米醋、白糖各2大匙，植物油适量。

制作步骤

1 香葱择洗干净，切成丁；蒜瓣去皮，拍散，切碎；花生米放入热油锅内炸至熟脆，捞出凉凉，去皮，轧成花生碎。

2 净锅置火上，加入清水烧沸，下入凉皮焯烫一下，捞出，用冷水投凉，沥净水分，加入香油搅拌均匀。

3 将鸡胸肉洗净，切成粗丝，放入烧热的油锅内煸炒至变色，加入料酒、海鲜酱油炒出香味，出锅。

4 将凉皮倒入大碗中，放入蒜末、熟鸡丝，加入麻辣油、芝麻、麻辣酱、豆豉酱、花椒粉、米醋、白糖、鸡精搅拌均匀，撒上花生碎、香葱丁，即可上桌。

豆是好菜

芝麻凉皮

原料 × 土豆淀粉300克，黄瓜、胡萝卜各75克。

调料 × 蒜瓣15克，精盐1小匙，芝麻酱2大匙，生抽、米醋、芥末酱各2小匙。

制作步骤

1　取一器皿，将土豆淀粉和清水以1：3的比例调拌均匀成淀粉浆，放入蒸锅内，用旺火蒸15分钟，取出、凉凉，切成小条成凉皮。

2　黄瓜去根，洗净，切成细丝；胡萝卜去根，削去外皮，切成细丝；蒜瓣剥去外皮，剁成蒜蓉。

3　芝麻酱放在容器内，先加上少许清水调开，再加上蒜蓉、精盐、生抽、米醋、芥末酱拌匀成酱汁，加上凉皮条、黄瓜丝、胡萝卜丝拌匀，装盘上桌即成。

秘制拉皮

原料 × 拉皮300克，黄瓜100克，胡萝卜50克，香菜20克，熟芝麻少许。

调料 × 干辣椒、花椒各15克，蒜瓣10克，白糖2小匙，精盐1小匙，味精、芥末油各少许，酱油、芝麻酱、陈醋、植物油各适量。

制作步骤

1 拉皮切成小段，放入沸水锅中焯烫一下，捞出、过凉；黄瓜洗净，切成细丝；胡萝卜去皮，切成丝；蒜瓣剁成细末；香菜切成小段。

2 锅中加上植物油烧热，放入花椒炸香，再放入干辣椒略炸，出锅装碗成辣椒油；取小碗1个，加入精盐、酱油、陈醋、白糖、芥末油、蒜末、味精、芝麻酱调匀成味汁。

3 拉皮放在容器内，放入黄瓜丝、胡萝卜丝、香菜段，浇上调好的味汁，淋上辣椒油，撒上熟芝麻，食用时调拌均匀即成。

炝香菜豆腐

原料、调料 ×

豆腐……… 500克

红椒………… 35克

香菜………… 25克

精盐………1小匙

生抽………2小匙

香油………1大匙

制作步骤

1 把豆腐片去老皮，放在案板上，先切成厚片，再切成长条，最后切成小方块，放入沸水锅内焯烫一下，捞出、沥水。

2 香菜去根和老叶，洗净，切成碎末；红椒去蒂、去籽，洗净，切成小粒。

3 将豆腐块、香菜末放入容器内，加入精盐、生抽搅拌均匀，撒上红椒粒。

4 净锅置火上，加上香油烧至八成热，出锅淋在红椒粒上炝出香味，食用时搅拌均匀，装盘上桌即成。

豆是好菜

卤素鸡豆腐

原料 × 老豆腐1000克。

调料 × 小苏打少许，精盐2小匙，酱油2大匙，白糖1小匙，料酒1大匙，香料包1个，鸡汤、植物油各适量。

制作步骤

1 净锅置火上，放入清水煮沸，加入老豆腐、小苏打，小火煮至豆腐软滑，捞出豆腐，用纱布包裹好，用重物压实约1小时成素鸡，去掉纱布包，切成12厘米长、8厘米宽、1.5厘米厚的片。

2 净锅置火上，加上植物油烧至五六成热，将素鸡豆腐片分次下入油锅内炸成黄色，捞出、沥油。

3 净锅内放入鸡汤、调料和香料包烧沸成卤水汁，放入炸好的素鸡豆腐，用小火卤煮至软透，食用时取出，切成条块，装盘上桌即成。

雪菜拌豆腐

原料 × 豆腐、雪菜（雪里蕻）各200克。

调料 × 葱末20克，精盐、白糖、酱油各1小匙，芝麻酱1大匙，甜面酱2
　　　小匙，味精、香油、芥末油各1/2小匙。

制作步骤

1　雪菜择洗干净，切去老根，放入沸水锅内焯烫5分钟至熟透，捞出，
　　放入盛有冷水的容器内浸泡3分钟至凉透，捞出雪菜，挤去水分，切
　　成1厘米长的小段。

2　豆腐切成1.5厘米见方的丁，下入加有精盐的沸水锅中焯2分钟，捞
　　出、沥水，码放在盘内，撒上雪菜段、葱末。

3　把芝麻酱放入小碗中，加入甜面酱、酱油、白糖、味精、香油、芥
　　末油拌匀成味汁，淋在雪菜、豆腐丁上，食用时拌匀即成。

皮蛋豆腐

原料、调料 × 内酯豆腐一盒，皮蛋2个，红椒15克，香葱10克，精盐1小匙，香油2小匙。

制作步骤

1. 把内酯豆腐从盒中取出，扣在大盘内，滗去盘内的汤水，横着切成大片状；香葱去根和老叶，洗净，切成碎末；红椒去蒂、去籽，洗净，切成小粒。

2. 炒锅置于火上，倒入适量的清水，放入皮蛋煮约5分钟，捞出皮蛋，剥去外皮，切成小丁。

3. 把皮蛋丁撒在豆腐片上，均匀地撒上精盐，淋上香油，最后加上香葱碎、红椒粒加以点缀即成。

椿芽蚕豆

原料 × 鲜蚕豆仁200克，香椿芽30克。

调料 × 精盐1小匙，味精1/2小匙，辣椒油1大匙，香油2小匙，清汤少许。

制作步骤

1　鲜蚕豆仁用清水洗净，放入沸水锅中煮至熟嫩，捞出、沥水，摊开凉凉。

2　香椿芽去根，洗净，放入沸水锅内略烫一下，捞出、过凉，沥干水分，切成碎粒。

3　将精盐、味精、辣椒油、香油、清汤放入容器中调匀成味汁，放入熟蚕豆仁、香椿芽碎粒拌匀，放入冰箱内冷藏，食用时取出，装盘上桌即成。

糟卤蚕豆粒

原料 × 鲜蚕豆500克。

调料 × 香叶5克，丁香3粒，葱段、姜块各20克，精盐适量，味精1小
匙，冰糖3大匙，糟卤汁100克，料酒2大匙。

制作步骤

1 鲜蚕豆剥去外皮，取净蚕豆粒，放入清水锅中，用旺火煮约5分钟至
熟，捞出蚕豆粒，用冷水过凉，沥干水分。

2 净锅置火上，加入清水、香叶、丁香、葱段、姜块、精盐、味精、
冰糖烧沸，中火煮约15分钟成卤水，离火后凉凉，加入糟卤汁、料
酒调拌均匀成糟汁。

3 将煮熟的蚕豆粒放入糟汁中拌匀，浸卤约6小时至蚕豆粒入味，食用
时捞出，装盘上桌即可。

豆是好菜

干豆腐肉卷

原料、调料 ×

干豆腐⋯⋯ 250克
猪肉末⋯⋯ 200克
葱末、姜末各10克
鸡蛋⋯⋯⋯⋯⋯2个
精盐、鸡精各1小匙
白糖、胡椒粉各适量
料酒⋯⋯⋯⋯1大匙
海鲜酱油⋯⋯2小匙
水淀粉、香油各少许

制作步骤

1　猪肉末放入容器中，加入精盐、鸡精、白糖、胡椒粉、料酒、香油、海鲜酱油、鸡蛋、水淀粉、葱末、姜末搅拌均匀成馅料。

2　将干豆腐切成长方形，表面均匀涂抹上鸡蛋液，将馅料放在干豆腐上涂抹均匀。

3　从一端卷起至末端，再涂抹上少许鸡蛋液，切去两端成干豆腐肉卷生坯。

4　把干豆腐肉卷生坯放入蒸锅内，用旺火蒸约8分钟至熟，取出，放入冰箱冷藏，食用时切成小块，装盘上桌即可。

凉拌豆苗

原料 × 豌豆苗500克，柴鱼干45克。

调料 × 蒜瓣15克，精盐1/2小匙，蚝油1大匙，香油1小匙，白糖、植物油各少许。

制作步骤

1 将豌豆苗择下叶片，用清水漂洗干净，放入沸水锅内焯烫一下，捞出豌豆苗，过凉、沥水，码放在盘内。

2 蒜瓣剥去外皮，放在小碗内，加上少许清水，捣烂成蒜泥；柴鱼干用清水浸泡至软，取出，放入烧热的油锅内煸炒出香味，取出、凉凉，撕成小块。

3 蒜泥碗内加上蚝油、精盐、白糖、香油和少许热水调匀成味汁，淋在烫好的豌豆苗上，撒上柴鱼干，食用时拌匀即成。

蹄筋拌豆芽

原料 × 黄豆芽、熟牛蹄筋各300克，青椒、红椒各30克，香菜段15克。

调料 × 姜末、蒜末各少许，酱油2小匙，精盐、味精、白糖、米醋、香油各1小匙。

制作步骤

1 将熟牛蹄筋洗净，切成宽条，放入沸水锅内焯烫一下，去除异味，捞出牛蹄筋，用冷水过凉，沥净水分，加上酱油、蒜末、姜末拌匀，腌渍10分钟。

2 黄豆芽洗净，放入沸水锅内焯烫至熟透，捞出、冲凉，沥干水分；青椒、红椒洗净，切成细丝。

3 将牛蹄筋、黄豆芽、青椒丝、红椒丝放入盆中，加入精盐、味精、白糖、米醋、香油、香菜段调拌均匀，装盘上桌即成。

第二章

豆是
美味热菜

豆是好菜

鱼香豆腐

原料 × 豆腐500克。

调料 × 香葱、姜块、蒜瓣各10克，豆瓣酱1大匙，精盐、白糖、米醋、水淀粉、植物油各适量。

制作步骤

1　香葱去根，洗净，切成香葱花；蒜瓣、姜块分别去皮，均切成末；豆瓣酱切碎。

2　豆腐洗净，切成2厘米大小的块，放入烧至六成热的油锅内炸至金黄色，捞出、沥油。

3　锅中留少许底油，复置火上烧热，放入豆瓣酱炒出香辣味，加入姜末、蒜末和清水烧沸。

4　放入白糖、精盐、豆腐块烧焖几分钟，用水淀粉勾芡，撒上香葱花，淋入米醋，出锅装盘即可。

八宝豆腐

原料 × 豆腐2块，熟猪肚、水发海参、水发鱿鱼、水发冬菇、火腿、玉米笋各50克，青豆15克。

调料 × 精盐2小匙，味精1小匙，高汤、水淀粉各适量。

制作步骤

1　熟猪肚、水发海参、水发鱿鱼分别洗净，切成大块，放入沸水锅内焯烫一下，捞出、沥水；水发冬菇、火腿、玉米笋分别切成薄片。

2　豆腐切成大片，放入沸水锅内焯烫一下，捞出豆腐片，放入净锅内，加上高汤煮约5分钟，捞出豆腐片，码放在盘内垫底。

3　锅内的汤汁撇去浮沫，加入熟猪肚块、水发鱿鱼块、水发海参块、水发冬菇片、火腿片、青豆和玉米笋，煮沸后改用小火煮10分钟，加上精盐、味精调好口味，用水淀粉勾芡，淋在豆腐片上即成。

番茄豆腐

原料 × 嫩豆腐300克，小番茄100克，嫩青豆15克。

调料 × 精盐1小匙，味精1/2小匙，白糖、料酒、水淀粉各少许，鲜汤
150克，植物油1大匙。

制作步骤

1　小番茄洗净，去蒂，用沸水烫一下，沥净，切成两半（或小块）；
嫩青豆用清水浸泡一下，洗净。

2　嫩豆腐切成2厘米见方的小块，放在漏勺内，再把漏勺浸入沸水锅内
焯烫一下，沥净水分。

3　净锅置火上，倒入植物油烧至五成热，加入小番茄稍炒，放上料
酒、鲜汤、精盐、白糖和味精煮沸，加上豆腐块和嫩青豆，用旺火
烧焖至入味，用水淀粉勾薄芡，淋上少许明油，出锅装盘即成。

剁椒蒸豆腐

原料、调料 ×

豆腐……… 500克

美人椒……… 25克

香葱………… 15克

豆豉………… 10克

蒸鱼豉油……3大匙

香油………… 1大匙

制作步骤

1 将美人椒洗净，沥净水分，去掉椒蒂，切成小圈；香葱去根和老叶，切成香葱花。

2 把豆腐放在清水锅内，加上少许精盐煮约5分钟，取出豆腐，用冷水过凉，沥水，切成1厘米厚、3厘米宽、5厘米长的大片。

3 把豆腐片整齐地摆在容器中，加入蒸鱼豉油，均匀地撒上美人椒圈和豆豉。

4 把盛有豆腐片的容器放入蒸锅内，用旺火蒸约10分钟，出锅，撒上香葱花，淋上烧至九成热的香油，直接上桌即可。

黄金豆腐

原料 × 豆腐300克，咸鸭蛋黄75克，牛肉松25克。

调料 × 大葱、姜块各10克，精盐少许，鸡精1/2小匙，料酒、白糖各1小匙，水淀粉2小匙，植物油1大匙。

制作步骤

1　豆腐片去老皮，切成2厘米大小的块，放入沸水锅内，加上少许精盐焯烫一下，捞出，沥水；咸鸭蛋黄切成碎粒；大葱去根和老叶，切成葱末；姜块去皮，切成末。

2　净锅置火上，加上植物油烧至六成热，下入葱末、姜末煸炒出香味，加上咸鸭蛋黄碎翻炒均匀。

3　加入豆腐块、精盐、鸡精、料酒、白糖和少许清水烧沸，用中火烧2分钟，用水淀粉勾芡，撒上牛肉松，离火上桌即成。

富贵豆腐

原料 × 嫩豆腐400克，芹菜片、青椒块、火腿末、水发香菇、水发木耳各20克，水发海米10克。

调料 × 葱末、姜末各5克，精盐1/2小匙，酱油2小匙，白糖、蚝油各少许，水淀粉、植物油各适量。

制作步骤

1 嫩豆腐切成小块，下入烧热的油锅内煎至两面金黄色，捞出；水发木耳去蒂，撕成小块；水发香菇、水发海米切成碎粒。

2 净锅置火上，加上植物油烧至六成热，加上葱末、姜末炝锅出香味，放入芹菜片、青椒块、火腿末、水发木耳块、水发海米粒、水发香菇粒翻炒均匀。

3 加上豆腐块、精盐、酱油、白糖、蚝油和清水（2大匙）烧沸，改用小火烧至入味，用水淀粉勾芡，出锅装盘即成。

素烧豆腐

原料、调料 × 豆腐300克，蒜薹75克，胡萝卜50克，木耳5克，姜片、蒜片各10克，豆瓣酱1大匙，酱油、料酒各2小匙，白糖1小匙，香油少许，植物油、清汤各适量。

制作步骤

1 木耳用温水浸泡至涨发，去掉根，换清水洗净，撕成小块；胡萝卜洗净，去掉根，削去外皮，切成菱形片；把蒜薹去根，洗净，切成小段。

2 把豆腐切成三角形的小块，放入烧至六成热的油锅内炸至色泽金黄，捞出、沥油。

3 锅内留少许底油，复置火上烧热，下入姜片、蒜片炝锅出香味，加入豆瓣酱炒浓，倒入清汤烧沸。

4 加入豆腐块、蒜薹段、水发木耳块、胡萝卜片炒匀，放入酱油、料酒、白糖调好口味，用旺火收浓汤汁，淋上香油，出锅装盘即成。

虾米豆腐

原料 × 豆腐400克，虾米（海米）25克。

调料 × 葱花、姜末、蒜片各少许，精盐、味精各1/2小匙，酱油、料酒、白糖各1大匙，花椒水1/2大匙，水淀粉、植物油各适量。

制作步骤

1 把豆腐洗净，切成长方片，放入烧至五成热的油锅内煎至两面金黄色，捞出、沥油。

2 锅中留少许底油，复置火上烧热，放入虾米煸炒出香味，下入葱花、姜末、蒜片炒香，烹入料酒，加上花椒水、酱油、白糖和少许清水烧沸。

3 放入煎好的豆腐片，加入精盐、味精调好口味，用水淀粉勾芡，淋入少许明油，出锅装盘即成。

蒸香辣豆腐

原料 × 豆腐1大块，香菜25克。

调料 × 姜末、蒜末、葱花各5克，桂皮15克，香叶2片，泡红辣椒25克，精盐1小匙，白糖、米醋、蚝油、鸡精、香油各适量。

制作步骤

1 桂皮放在大碗内，加上适量沸水浸泡成桂皮水；香叶切碎；泡红辣椒去蒂，切成碎粒；香菜去根和老叶，切成碎末。

2 将泡红辣椒碎、姜末、桂皮水、香叶碎放入搅拌器内，用中速搅打成蓉，取出，倒入大碗中，加入精盐、蚝油、白糖、米醋、蒜末、鸡精和香菜末，搅拌均匀成调味汁。

3 把豆腐去掉老皮，切成整齐的大片，码放在盘内；将调味汁均匀地浇在豆腐片上，用保鲜膜密封，放入蒸锅内，用沸水旺火蒸10分钟至入味，出锅后撒入葱花，淋入香油即成。

豆是好菜

金银豆腐包

原料、调料 ×

豆腐⋯⋯⋯⋯ 400克
鲜虾⋯⋯⋯⋯ 250克
香葱⋯⋯⋯⋯⋯ 15克
鸡蛋⋯⋯⋯⋯⋯⋯1个
葱段、姜片各10克
精盐⋯⋯⋯⋯⋯ 1小匙
白糖⋯⋯⋯⋯⋯ 少许
老抽⋯⋯⋯⋯⋯2小匙
淀粉、面粉各2大匙
水淀粉⋯⋯⋯⋯1大匙
香油⋯⋯⋯⋯1/2小匙
植物油⋯⋯⋯⋯ 适量

制作步骤

1 豆腐切成厚片（边角料切碎），放入烧热的油锅内炸上颜色，捞出、沥油成豆腐包，切去一边，将豆腐包掏空；香葱切成杳葱花。

2 鲜虾去头、去尾，取净虾肉切成小丁，放在容器中，加上豆腐碎、鸡精、白糖、精盐、香油搅拌均匀成馅料，酿入豆腐包内。

3 鸡蛋放在容器内打散，加入淀粉、面粉拌匀成鸡蛋糊；把豆腐包蘸上鸡蛋糊封口，放入油锅内冲炸一下，出锅、沥油。

4 锅中下入葱段、姜片、虾头、虾尾和虾皮炒香，加入清水、豆腐包、精盐、白糖和老抽烧焖片刻，取出豆腐包，码放在盘内。

5 捞出锅内配料，加入水淀粉勾芡，淋上香油，出锅浇在豆腐包上，撒上香葱花即可。

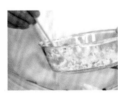

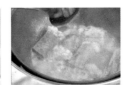

煎酿豆腐

原料 × 北豆腐1块，猪肉末150克，水发香菇片、净冬笋片各25克，鸡蛋1个。

调料 × 葱末、姜末各5克，精盐少许，淀粉、酱油各2大匙，料酒1大匙，蚝油1/2大匙，香油1小匙，白糖、味精、植物油各适量。

制作步骤

1 猪肉末放在容器内，磕入鸡蛋，加上葱末、姜末、料酒、香油、味精、淀粉搅匀成馅料。

2 北豆腐切成夹刀块，放入油锅煎至金黄色，取出，撒上淀粉，酿入料馅成豆腐盒，码放在砂锅内。

3 锅中加上植物油烧热，下入葱末、姜末炒香，放入净冬笋片、水发香菇片翻炒，加入精盐、蚝油、酱油、料酒、白糖、味精炒匀成味汁，浇在豆腐盒上，然后将砂锅置火上，小火炖10分钟即可。

香菇豆腐饼

原料 × 豆腐1块，香菇末、玉米粒、净油菜心各50克，鸡蛋2个。

调料 × 葱末、姜末、蒜末各15克，精盐、白糖、鸡精、辣酱油各1/2小匙，植物油2大匙。

制作步骤

1　豆腐放入沸水锅内焯煮一下，捞出、沥水，放入容器中捣碎成豆腐蓉，磕入鸡蛋，放入香菇末、葱末、姜末、蒜末、玉米粒、精盐、鸡精搅拌均匀调成馅料。

2　平底锅置火上，加入植物油烧热，将馅料逐个制成小圆饼，放入锅中煎至熟嫩成豆腐饼，取出，装入盘中。

3　净锅置火上，加入辣酱油、精盐、白糖、少许清水烧沸，出锅淋在豆腐饼上，再用焯熟的净油菜心围边即可。

豆是好菜

麻婆豆腐鱼

原料 × 豆腐250克，净草鱼150克，猪肉末75克，鸡蛋1个。

调料 × 香葱、姜块、蒜瓣各10克，豆瓣酱1大匙，精盐、胡椒粉、水淀粉、花椒油、香油各1小匙，淀粉4小匙，老抽2小匙，植物油适量。

制作步骤

1 豆腐切成丁，放入清水锅内，加入少许精盐焯烫一下，捞出；香葱洗净，切成香葱花；蒜瓣切成小片；姜块洗净，切成末。

2 净草鱼剔除鱼刺、鱼皮，取草鱼肉，洗净，切成丁，放入容器中，加入精盐、香油、胡椒粉、鸡蛋、淀粉抓匀，腌渍片刻。

3 净锅置火上，加入植物油烧至六成热，下入猪肉末煸炒至变色，下入豆瓣酱炒至上颜色，下入姜末、蒜片炒香。

4 加入清水、老抽，放入豆腐丁、鱼肉丁调匀，用小火烧焖至熟香，用水淀粉勾芡，淋上花椒油，撒上香葱花，出锅装盘即可。

油豆腐酿肉

原料 × 油豆腐12个，猪肉末200克，马蹄50克，蒜苗15克。

调料 × 精盐1小匙，酱油2大匙，白糖少许，淀粉、水淀粉各1大匙，香油2小匙。

制作步骤

1 将马蹄去皮、拍碎，放在容器内，先加入猪肉末略拌，再加入淀粉、少许酱油、香油拌匀成馅料；精盐、酱油、白糖放小碗内拌匀成味汁；蒜苗洗净，切成小段。

2 油豆腐从边缘剪开，酿入馅料，排入盘中，淋上调好的味汁，放入蒸锅内，用旺火蒸熟嫩，取出油豆腐，码放在盘内。

3 把蒸油豆腐的汤汁滗入锅内烧沸，用水淀粉勾芡，淋上香油，撒上蒜苗段，出锅淋在油豆腐上即可。

香煎羊肉豆皮卷

原料 × 豆腐皮1张，羊肉末250克，洋葱、芹菜各20克，小西红柿少许，鸡蛋1个。

调料 × 孜然、辣椒碎各少许，精盐1小匙，胡椒粉1/2小匙，淀粉2大匙，植物油适量。

制作步骤

1 小西红柿、芹菜、洋葱放入粉碎机，磕入鸡蛋，搅打成蔬菜泥，倒入容器内，加上羊肉末、精盐、胡椒粉、淀粉拌匀成羊肉馅料。

2 将豆腐皮切成长方块，放在案板上，撒上少许淀粉，放上羊肉馅料抹匀，卷成豆皮卷。

3 平底锅置火上，加入少许植物油，码放上卷好的豆皮卷，淋上少许植物油，煎至两面呈金黄色时，撒上孜然、辣椒碎稍煎，取出，切成小段，装盘上桌即可。

虾仁豆腐

原料、调料 ×

豆腐········· 300克

虾仁········· 200克

香葱段······· 15克

姜片·········· 10克

精盐·········· 1小匙

水淀粉········ 2小匙

清汤·········· 3大匙

植物油········ 2大匙

香油·········· 少许

制作步骤

1　豆腐片去老皮，先切成厚1.5厘米的长条，再切成小方块，放入清水锅内，加上少许精盐焯烫一下，捞出、沥水。

2　虾仁去掉虾线，洗净，放入沸水锅内焯烫至变色，捞出、沥水。

3　净锅置火上，加入植物油烧至五成热，放入豆腐块煎至色泽金黄，取出。

4　净锅复置火上，加入少许植物油烧热，放入姜片煸香，加入豆腐块、虾仁稍炒。

5　放入精盐、清汤翻炒均匀，用水淀粉勾芡，淋上香油，撒上香葱段即成。

香菇烧豆腐

原料 × 豆腐300克，水发香菇50克，青豆20克。

调料 × 精盐、酱油、白糖、料酒各1小匙，味精1/2小匙，鲜汤100克，水淀粉少许，植物油适量。

制作步骤

1 豆腐切成正方形小块，放入沸水锅内焯烫一下，捞出、沥水；水发香菇去蒂，斜刀切成片；青豆洗净，放入清水锅内煮至熟，捞出。

2 净锅置火上，放入植物油烧至六成热，将豆腐逐块放入锅中，中火煎至两面金黄色，滗去锅内多余的油脂，加上酱油、料酒、白糖、精盐、味精和鲜汤烧沸。

3 放入水发香菇片和青豆，改用旺火烧约2分钟，用水淀粉勾薄芡，淋上少许明油，出锅上桌即成。

鲜贝冻豆腐

原料 × 冻豆腐250克，鲜贝肉150克，青椒、红椒各15克。

调料 × 葱段、姜片各5克，料酒、酱油、蚝油各1小匙，鱼露、白糖、鸡精各1/2小匙，水淀粉、辣椒油各少许，植物油2大匙，清汤3大匙。

制作步骤

1　把鲜贝肉洗涤整理干净，下入沸水锅内焯烫一下，捞出、沥水；冻豆腐自然解冻，切成长条，挤净水分；青椒、红椒去蒂、去籽，切成小块。

2　净锅置火上，加上植物油烧至六成热，用葱段、姜片炝锅，烹入料酒，加入酱油、蚝油、鱼露、白糖、鸡精和清汤烧沸。

3　下入鲜贝肉、冻豆腐条烧至入味，放入青椒块、红椒块翻拌均匀，用水淀粉勾芡，淋入辣椒油，出锅装盘即成。

农家焖豆腐

原料、调料 × 豆腐300克，猪臀尖肉200克，香葱25克，小米椒15克，蒜瓣30克，精盐2小匙，植物油2大匙。

制作步骤

1　把猪臀尖肉洗净、去皮，先切成大片，再切成肉丝；豆腐切成比较厚的大长片；小米椒去蒂、去籽，洗净，切成小段；香葱洗净，去根和老叶，也切成小段；蒜瓣去皮，拍碎。

2　炒锅置火上烧热，倒入植物油烧至五成热，放入豆腐片，用中火煎至两面金黄色，取出。

3　净锅复置火上，加上少许植物油烧热，放入蒜瓣碎、小米椒段爆炒出香味，加入猪肉丝炒至变色。

4　放入适量清水煮至沸，加入豆腐片和精盐，用中火烧焖5分钟至豆腐入味，撒上香葱段，出锅上桌即成。

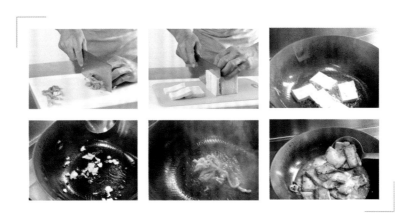

洋葱豆腐饼

原料 × 北豆腐250克，洋葱、猪肉末各100克，香菜30克，鸡蛋1个。

调料 × 姜块10克，精盐、五香粉各1小匙，味精少许，淀粉3大匙，料酒、香油各2小匙，植物油适量。

制作步骤

1　北豆腐用清水洗净，切成大片，用刀背压成豆腐泥；洋葱、姜块分别去皮，洗净，均切成细末；香菜择洗干净，切成细末。

2　把猪肉末放在容器中，磕入鸡蛋，加上姜末、豆腐泥搅匀，再加入精盐、五香粉、少许淀粉、料酒、香油、味精和香菜末搅拌均匀至上劲成猪肉馅。

3　把洋葱末放入碗中，加入淀粉拌匀，再与猪肉馅一起团成团，压成饼状，放入热油锅中煎至熟嫩，出锅装盘即可。

酥炸豆腐丸

原料 × 豆腐400克，海米末50克，香菜末25克，鸡蛋1个。

调料 × 葱末、姜末各10克，甜面酱1大匙，精盐、花椒粉各1/2小匙，糖醋汁1小碟，淀粉、植物油各适量。

制作步骤

1　把豆腐放入蒸锅内蒸15分钟，取出，用刀面压成泥，放入大碗内，磕入鸡蛋，加上海米末、甜面酱、葱末、姜末、香菜末、精盐、花椒粉拌匀成豆腐馅料。

2　把豆腐馅料挤成直径3厘米大小的丸状，滚上一层淀粉，放入烧至六成热的油锅内炸2分钟，捞出。

3　待锅内油温开至八成热时，再将豆腐丸放入油锅内，炸至色泽金黄，捞出、装盘，带糖醋汁上桌即成。

肉末蒸豆腐

原料、调料 ×

内酯豆腐·········1盒

猪肉末·········　75克

榨菜·········　50克

香菜·········　10克

大葱·········　15克

蒜瓣·········5克

酱油·········2小匙

白糖·········1小匙

植物油·········1大匙

制作步骤

1　内酯豆腐取出，扣在容器内，切成小块；榨菜切成小丁；香菜洗净，切成碎末；大葱洗净，切成葱花；蒜瓣去皮，切成片。

2　净锅置火上，加入植物油烧热，下入猪肉末翻炒至变色，放入少许葱花、蒜片、榨菜丁翻炒炒匀。

3　加入酱油、白糖和清水翻炒均匀成料汁，出锅淋在内酯豆腐上。

4　将内酯豆腐放入蒸锅内蒸5分钟，取出，撒上香菜末和剩余的葱花，直接上桌即成。

培根回锅豆腐

原料 × 豆腐1块，培根100克，青蒜、芹菜、水发木耳、红椒块各20克。

调料 × 精盐、酱油各2小匙，味精、白糖各1小匙，豆瓣酱、料酒各4小匙，黄油适量。

制作步骤

1 豆腐洗净，切成大片，放入热油锅中炸至浅黄色，捞出、沥油；培根切成薄片，放入烧热的黄油锅内炒出香味，取出；青蒜、芹菜分别择洗干净，切成小段；水发木耳择洗干净，撕成小朵。

2 锅中加上少许黄油烧热，放入豆瓣酱炒出香辣味，加入精盐、味精、酱油、料酒、白糖及适量清水烧沸。

3 放入豆腐片，转小火烧至汤汁浓稠，放入水发木耳、芹菜段、青蒜段、培根片、红椒块炒匀，出锅装盘即成。

豆腐烧蟹棒

原料 × 豆腐350克，蟹肉棒、水发蚕豆、水发香菇各50克，鸡蛋1个。

调料 × 葱末、姜末各5克，精盐1小匙，白糖、鸡精、米醋、料酒、胡椒
粉各1/2小匙，香油2小匙，植物油2大匙，清汤适量。

制作步骤

1 豆腐切成块，放入沸水锅内焯烫3分钟，捞出、沥水，放在容器内，
磕入鸡蛋搅拌均匀，上屉蒸约2分钟，取出、凉凉，切成小块；蟹肉
棒切成小块；水发香菇去蒂，切成块。

2 净锅置火上，加入植物油烧至四成热，放入葱末、姜末炝锅出香
味，烹入料酒，加入水发香菇块、水发蚕豆稍炒。

3 烹入清汤，加上豆腐块、蟹肉棒、精盐、米醋、白糖、胡椒粉烧焖
至入味，淋上香油，出锅装盘即成。

立是好菜

白豆烧凤爪

原料 × 鸡爪（凤爪）400克，白豆100克。

调料 × 大葱、姜块、蒜瓣各15克，树椒5克，精盐、红烧汁、白糖、鸡精、植物油各适量。

制作步骤

1 将鸡爪的爪尖去掉，从中间斩断，放入沸水锅内焯烫一下，捞出、沥水。

2 大葱去根和老叶，洗净，切成段；姜块去皮，切成片；树椒切成小段；白豆用温水浸泡4小时。

3 净锅置火上，加入植物油烧至六成热，下入姜片、葱段、蒜瓣和树椒段炝锅出香味。

4 放入鸡爪、白豆，加入清水、红烧汁、白糖、鸡精和精盐烧沸，用中火烧焖20分钟至熟香，出锅上桌即成。

香卤豆干茄

原料 × 豆腐干250克，茄干100克，洋葱50克。

调料 × 葱末、姜末、蒜末各15克，香叶、花椒各3克，八角、桂皮各5克，料酒1大匙，精盐、白糖、酱油、鸡精、植物油各适量。

制作步骤

1 豆腐干切成小条；茄干用清水浸泡至软，沥净水分；洋葱剥去外皮，切成碎末。

2 净锅置火上，加入植物油烧至四成热，放入豆干条炸至变色，再放入茄干冲炸一下，一起捞出、沥油。

3 锅内留少许底油，下入葱末、姜末、蒜末、洋葱末炝锅出香味，加入香叶、花椒、八角、桂皮煸炒，加上料酒、酱油、白糖、鸡精、精盐、豆腐干和茄干，用小火烧煨1小时即可。

咸鱼炒豆芽

原料 × 黄豆芽300克，咸鱼75克，猪瘦肉50克。

调料 × 姜块、蒜瓣各10克，料酒1大匙，鸡精1小匙，蒜蓉辣酱、鲜露各2小匙，植物油2大匙。

制作步骤

1　将黄豆芽择洗干净，沥净水分；咸鱼刷洗干净，放入蒸锅内蒸5分钟，取出，凉凉，切成小条（或撕成小块）；猪瘦肉去掉筋膜，切成小粒；姜块、蒜瓣分别去皮，切成末。

2　净锅置火上，加上植物油烧至五成热，下入咸鱼条、瘦肉粒、蒜末、姜末炒出香味。

3　放入黄豆芽、料酒翻炒片刻，调入鸡精和蒜蓉辣酱，用旺火爆炒片刻，淋上鲜露翻炒均匀，即可出锅装盘。

腊味炒青豆

原料、调料 ×

青豆……… 250克

腊肉……… 150克

红椒……… 50克

胡萝卜……… 30克

大葱……… 15克

姜块、蒜瓣各10克

精盐……… 1/2小匙

蚝油……… 2小匙

植物油……… 1大匙

香油……… 少许

制作步骤

1 把腊肉刷洗干净，沥水，切成大薄片；青豆洗净；胡萝卜洗净，去根、去皮，切成片；红椒去蒂、去籽，切成菱形块。

2 大葱去根和老叶，洗净，切成葱花；姜块、蒜瓣分别去皮，均切成末。

3 净锅置火上，加入清水烧沸，倒入青豆、腊肉片焯烫片刻，捞出、沥水。

4 净锅复置火上，放入植物油烧至五成热，加入葱花、蒜末、姜末煸炒出香味。

5 放入青豆、腊肉片煸炒均匀，放入蚝油、少许清水、胡萝卜片、红椒块翻炒均匀，淋上香油，出锅装盘即可。

雪豆烧猪蹄

原料 × 猪蹄500克，雪豆150克，泡椒25克。

调料 × 葱花、姜丝、蒜片各少许，精盐1小匙，味精、白糖各2小匙，料酒、水淀粉各1大匙，老汤、植物油各适量。

制作步骤

1 猪蹄去除杂毛，用中火烤至肉皮焦煳，放入温水中刮洗干净，捞出，剁成大块，放入锅内，加上老汤煮约20分钟，捞出。

2 雪豆用温水浸泡并漂洗干净，再放入清水锅内焯烫5分钟，捞出、沥水；泡椒洗净。

3 净锅置火上，加上植物油烧热，下入葱花、姜丝、蒜片、泡椒炒香，放入雪豆、猪蹄块，加入精盐、味精、白糖、料酒和少许老汤烧至熟香入味，用水淀粉勾芡，出锅上桌即可。

牛肉碎炒豆干

原料 × 豆腐干200克，蒜薹、牛肉各75克，雪菜、冬笋、香菇各20克。

调料 × 葱花、姜末、蒜末各少许，精盐、鸡精、豆豉、白糖、蚝油各
　　　　1/2小匙，植物油2大匙。

制作步骤

1　豆腐干切成长条，放入淡盐水中浸泡一下，捞出、沥水；牛肉切成
　　碎粒；蒜薹去根，洗净，切成小段；雪菜洗净，切成碎末；冬笋切
　　成小粒；香菇去蒂，切长小条。

2　净锅置火上，放入植物油烧至五成热，下入牛肉碎煸炒至干香，放
　　入葱花、姜末、蒜末炒匀。

3　放入冬笋粒、雪菜末、豆腐干、香菇条、蒜薹段炒匀，加上精盐、
　　豆豉、鸡精、白糖、蚝油炒匀至香气浓郁，出锅装盘即可。

青豆肉末烧豆腐

原料、调料 × 内酯豆腐400克，猪五花肉100克，青豆75克，胡萝卜50克，大葱10克，姜片、蒜瓣各5克，精盐、白糖、生抽、鸡精各1小匙，清汤4大匙，水淀粉1大匙，香油2小匙，植物油2大匙。

制作步骤

1　取出内酯豆腐，切成大块；猪五花肉洗净，去掉筋膜，切成小粒；青豆择洗干净；胡萝卜去根、去皮，切成小丁；大葱洗净，切成葱花；姜片、蒜瓣分别切成末。

2　净锅置火上，加入植物油烧至六成热，下入猪肉粒煸炒至干香，加入葱花、姜末、蒜末翻炒均匀。

3　加入青豆，放入胡萝卜丁，加上精盐、白糖、生抽、鸡精、清汤烧煮至沸，撇去浮沫。

4　加入内酯豆腐块，再沸后改用小火烧焖至入味，用水淀粉勾芡，淋上香油，出锅装盘即成。

XO酱豆腐煲

原料 × 豆腐1块，猪肉末100克，洋葱、红尖椒、芹菜各50克，虾米15克。

调料 × 蒜蓉5克，精盐1/2小匙，味精少许，白糖1小匙，辣椒酱2大匙，
蚝油、料酒各5小匙，水淀粉1大匙，植物油适量。

制作步骤

1　洋葱洗净，切成末；红尖椒、芹菜分别择洗干净，均切成片；虾米
放入碗中，加入热水泡软，捞出、沥水。

2　豆腐洗净，切成小方块，放入淡盐水中炖煮片刻，捞出、过凉，沥
去水分。

3　锅中加入植物油烧热，下入洋葱末炒上颜色，放入蒜蓉、虾米炒出香
味，放入猪肉末、辣椒酱、料酒、蚝油、白糖、味精炒匀成XO酱，
放入豆腐块烧5分钟，用水淀粉勾芡，撒入芹菜、红椒片炒匀即成。

酥炸脆豆腐

原料 × 北豆腐1块，小葱25克，香菜末20克，熟芝麻15克。

调料 × 酱油1大匙，米醋2小匙，芝麻酱1/2小匙，蒜蓉辣酱3大匙，香油
　　　1小匙，白酒、味精各少许，植物油适量。

制作步骤

1　北豆腐用纱布包好，放入热水锅中煮8分钟，取出，放入盘中，用重
　　物压20分钟，取下重物，把豆腐切成小块；小葱洗净，切成细末。

2　锅中加入植物油烧至七成热，放入豆腐块炸至金黄色，捞出、沥
　　油，码放在盘内。

3　锅中加入少许植物油烧热，加入蒜蓉辣酱、酱油、米醋、味精及清
　　水烧沸，出锅倒在碗内，加入芝麻酱、香油、熟芝麻、白酒拌匀，
　　放入葱末、香菜末拌匀成味汁，浇在炸好的豆腐块上即成。

尖椒干豆腐

原料、调料 ×

干豆腐…… 250克

五花肉…… 100克

尖椒……… 75克

食用碱……… 少许

大葱、姜块各15克

蒜瓣……… 10克

精盐……… 1小匙

老抽……… 2小匙

白糖……… 1/2小匙

鸡汁、香油各少许

植物油……… 适量

制作步骤

1 干豆腐切成长条；五花肉洗净，切成大片；尖椒去蒂、去籽，洗净，切成滚刀块；大葱切成葱花；姜块、蒜瓣去皮，均切成片。

2 净锅置火上，加入清水和食用碱烧沸，下入干豆腐条焯烫片刻，捞出，换清水冲洗干净，去除碱味。

3 净锅置火上，加入植物油烧至六成热，下入五花肉片煸炒至变色，放入葱花、姜片、蒜片炒匀，然后下入尖椒块、老抽炒香。

4 加入少许清水，下入干豆腐条，加入精盐、白糖、鸡汁翻炒均匀，淋入香油，出锅装盘即可。

葱烧豆干

原料 × 豆腐干300克，大葱100克，红辣椒2个。

调料 × 精盐、酱油、味精、白糖、香油各少许，水淀粉2小匙，鲜汤2大匙，葱油1大匙，植物油适量。

制作步骤

1 大葱洗净，去根，取葱白，切成段；红辣椒去蒂、去籽，洗净，切成细丝；豆腐干洗净，切成条状，下入沸水锅内焯透，捞出，沥净水分，放入热油锅内冲炸一下，捞出、沥油。

2 净锅置火上，加入葱油烧至五成热，下入大葱段煸炒至变色出香味，添入鲜汤烧沸。

3 放入豆腐干条、精盐、酱油、白糖烧约2分钟，加入味精调匀，用水淀粉勾芡，淋入香油，撒上红辣椒丝，即可出锅装盘。

豇豆炒豆干

原料 × 豆腐干200克，豇豆150克，红辣椒25克。

调料 × 葱段、姜片、蒜末各10克，精盐、味精、胡椒粉各1/2小匙，酱油1大匙，香油2小匙，水淀粉、植物油各适量。

制作步骤

1 豆腐干洗净，切成小条，放入沸水中焯烫至透，捞出，加上酱油拌匀，然后下入烧至七成热的油锅内冲炸一下，捞出、沥油。

2 豇豆切去头尾，洗净，切成小段，放入沸水锅中焯透，捞出、沥水；红辣椒去蒂、去籽，切成丝。

3 净锅置火上，加上植物油烧至六成热，放入葱段、姜片、蒜末炒香，下入豇豆段翻炒均匀，加入豆腐干、红辣椒丝、精盐、味精、胡椒粉炒至入味，用水淀粉勾薄芡，淋上香油，出锅装盘即可。

油豆腐炒韭菜

原料 × 油豆腐250克，绿豆芽100克，韭菜75克。

调料 × 大葱5克，蒜瓣10克，精盐少许，海鲜酱油、老抽、白糖、熟猪油各适量。

制作步骤

1　油豆腐切成小条；大葱去根和老叶，洗净，切成葱花；蒜瓣去皮，切成小片。

2　韭菜去根和老叶，洗净，切成小段；绿豆芽掐去根，用清水洗净，沥净水分。

3　净锅置火上，加入熟猪油烧热，下入葱花、蒜片炒出香味，再放入油豆腐条稍炒。

4　加入海鲜酱油、老抽、白糖和少许清水炒匀，放入绿豆芽和韭菜段，加入精盐快速炒匀，出锅装盘即成。

绿豆芽炒芹菜

原料 × 绿豆芽400克，芹菜150克。

调料 × 大葱、姜块各5克，精盐1小匙，味精、米醋各1/2小匙，香油少
许，葱油2大匙。

制作步骤

1 将绿豆芽去掉根，用淡盐水洗净，沥净水分；芹菜去掉根和菜叶，
取嫩芹菜茎，用清水漂洗干净，沥水，切成小段；大葱去根，切成
葱花；姜块去皮，切成细末。

2 净锅置火上，加入葱油烧至六成热，下入葱花、姜末炝锅出香味，
放入绿豆芽、芹菜段略炒。

3 烹入米醋，加入精盐、味精，用旺火快速翻炒均匀，淋入香油，出
锅装盘即成。

香辣豆芽榨菜

原料 × 黄豆芽250克，涪陵榨菜150克，干红辣椒10克。

调料 × 葱花、姜末各5克，料酒1大匙，酱油、白糖各1/2大匙，香油1小匙，味精少许，水淀粉2小匙，植物油2大匙。

制作步骤

1　黄豆芽用清水漂洗干净，去掉根，沥净水分；涪陵榨菜去根，削去外皮，切成小丁，放在容器内，加上温水浸泡20分钟，捞出、沥水；干红辣椒去蒂、去籽，切成小段。

2　净锅置火上，加上植物油烧至六成热，加入葱花、姜末炝锅，放入干红辣椒段炒出香辣味，下入黄豆芽煸炒至变色。

3　烹入料酒，放入榨菜丁、酱油、白糖、味精，用旺火翻炒至熟嫩，用水淀粉勾薄芡，淋上香油，出锅装盘即可。

豆芽炒粉条

原料、调料 ×

黄豆芽⋯⋯ 300克

韭菜⋯⋯⋯⋯ 75克

粉条⋯⋯⋯⋯ 40克

干红辣椒⋯⋯ 10克

大葱、蒜瓣⋯ 10克

精盐、白糖⋯1小匙

酱油⋯⋯⋯⋯2小匙

清汤⋯⋯⋯ 4大匙

植物油⋯⋯⋯1大匙

香油⋯⋯⋯⋯ 少许

制作步骤

1 韭菜去根和老叶，洗净，沥水，切成小段；黄豆芽淘洗干净，放入清水锅内煮约2分钟，捞出，沥水。

2 粉条用温水浸泡至发涨，捞出，再放入沸水锅内焯煮一下，捞出、沥水。

3 干红辣椒去蒂，切成小段；蒜瓣去皮，切成小片；大葱洗净，切成葱花。

4 净锅置火上，放入植物油烧热，下入干红辣椒段、蒜片和葱花炒出香味，倒入焯煮好的黄豆芽煸炒均匀。

5 加入精盐、酱油、白糖、清汤烧沸，加入粉条，用小火烧至汤汁将尽，撒上韭菜段稍炒，淋上香油，出锅装盘即成。

豆芽爆海贝

豆是好菜

原料 × 黄豆芽200克，海贝8个，红椒15克。

调料 × 葱段、姜片各10克，精盐1小匙，白醋、食用碱各少许，料酒1大匙，鸡精1/2小匙，水淀粉2小匙，植物油适量。

制作步骤

1 黄豆芽洗净，去掉根，放入清水锅内，加上少许精盐煮5分钟，捞出、沥水；红椒去蒂、去籽，洗净，切成丝。

2 海贝去掉外壳，取海贝肉，去掉黑色内脏和杂质，片成薄片，放在容器内，加上清水、食用碱、白醋搓洗至发白，再换清水冲洗干净，沥净水分，放入烧至四成热的油锅中滑油，迅速捞出。

3 锅内留少许底油，下入葱段、姜片爆香，烹入料酒，倒入黄豆芽和海贝片，加上红椒丝、精盐、鸡精爆炒片刻，用水淀粉勾芡即可。

黄豆芽炒雪菜

原料 × 黄豆芽200克，猪瘦肉、雪里蕻各100克。

调料 × 葱丝、姜丝各10克，精盐、味精各1/2小匙，酱油1大匙，鸡精、花椒粉、料酒各少许，清汤适量，植物油1大匙。

制作步骤

1 猪瘦肉洗净，去掉筋膜，切成细丝；雪里蕻去根和老叶，用清水浸泡并洗净，沥水，切成3厘米长的段；黄豆芽摘洗干净，放入沸水锅内焯烫一下，捞出、沥水。

2 炒锅上火烧热，加上植物油烧至六成熟，下入葱丝、姜丝和花椒粉炝锅，放入猪肉丝煸炒至变色。

3 烹入料酒，添入清汤，放入雪里蕻段炒透，加入酱油、鸡精、精盐、味精、黄豆芽翻炒均匀，见汤汁将干时，出锅装盘即可。

鲜虾豆腐皮

原料、调料 × 豆腐皮300克，鲜虾125克，韭菜75克，青椒、红椒各25克，鸡蛋清1个，精盐2小匙，淀粉4小匙，料酒1大匙，鸡精、香油各1小匙，植物油适量。

制作步骤

1 把豆腐皮放入清水锅内，加上少许精盐和植物油煮约5分钟，捞出，用冷水过凉，沥水，切成细条；青椒、红椒分别去蒂、去籽，洗净，切成小粒。

2 鲜虾去掉虾线，放在碗内，加上少许精盐、淀粉、鸡蛋清拌匀、上浆，放入烧至四成热的油锅内滑油，捞出、沥油；韭菜去根，洗净，切成小段。

3 净锅置火上，加上少许植物油烧至五成热，下入豆腐皮条煸炒片刻至干香，加入精盐炒匀。

4 烹入料酒，加入鲜虾、鸡精稍炒，下入韭菜段、青椒粒、红椒粒翻炒均匀，淋上香油，出锅装盘即成。

双豆茶香排骨

原料 × 嫩排骨300克，鲜豌豆125克，干豌豆50克，奶白菜40克，普洱茶10克。

调料 × 姜末5克，精盐、白糖各1小匙，鸡精、胡椒粉各1/2匙，鱼露2小匙，酱油1大匙，水淀粉、植物油各适量。

制作步骤

1 干豌豆用温水浸泡至涨发，放入清水锅内煮至熟，捞出、沥水；鲜豌豆、奶白菜分别洗净；普洱茶用热水浸泡，取普洱茶水。

2 嫩排骨剁成小块，放入沸水锅内焯烫一下，捞出、沥水，加入酱油搅拌均匀，放入烧热的油锅内冲炸一下，捞出、沥油。

3 锅内留少许底油烧热，下入姜末爆香，放入排骨块、普洱茶水烧沸，用中火烧20分钟，放入鲜豌豆、干豌豆、奶白菜、精盐、白糖、鸡精、胡椒粉、鱼露调匀，用水淀粉勾芡，出锅装盘即成。

豆苗炒虾片

原料 × 豆苗300克，大虾200克，鸡蛋清1个。

调料 × 大葱、姜块各10克，精盐1小匙，味精少许，料酒、淀粉各1大匙，花椒油2小匙，植物油适量。

制作步骤

1 豆苗去根，洗净，摘去尖，放入沸水锅内焯烫一下，捞出、过凉，沥水；姜块去皮，切成小片；大葱洗净，切成2厘米长的小段。

2 大虾剥壳、去头，由脊背片开，挑出沙线，片成片，加上少许精盐、味精、料酒拌匀，再加入淀粉、鸡蛋清拌匀、上浆成虾片，放入烧至四成热的油锅内滑油，捞出、沥油。

3 锅内留少许底油，复置火上烧热，下入姜片、葱段炝锅，加入豆苗、虾片、精盐、料酒、味精炒匀，淋上花椒油，出锅上桌即成。

家常焖冻豆腐

原料、调料 ×

冻豆腐……　300克
虾仁…………　75克
青椒、红椒 各50克
胡萝卜………　25克
水发木耳……　15克
葱花、姜片 各10克
蒜片…………5克
精盐、花椒粉、鸡
精、白糖各少许
海鲜酱油……2大匙
老抽、水淀粉各1大匙
香油、植物油各适量

制作步骤

1　冻豆腐解冻，切成小块；青椒、红椒去蒂、去籽，切成块；胡萝卜去皮，切成片；虾仁去掉沙线，洗净；水发木耳撕成小块。

2　净锅置火上，加入清水烧沸，下入冻豆腐块煮3分钟，捞出、沥水。

3　净锅复置火上，加入清水烧热，下入水发木耳焯烫一下，捞出；再把虾仁放入清水锅内焯烫，捞出、沥水。

4　锅中加入植物油，置火上烧至五成热，放入葱花、姜片、蒜片炒香出味，放入胡萝卜片、青椒块、红椒块翻炒均匀。

5　加入花椒粉、海鲜酱油，放入木耳、虾仁、冻豆腐块略炒，加入清水、精盐、鸡精、白糖、老抽焖至汤汁快收干，用水淀粉勾芡，淋上香油即可。

豆是好菜

什锦豌豆

原料 × 豌豆粒200克，豆腐干75克，胡萝卜、马蹄、黄瓜、土豆、水发木耳各50克。

调料 × 大葱、姜块各5克，精盐1小匙，料酒、味精、白糖、水淀粉、香油各少许，清汤、植物油各2大匙。

制作步骤

1　豌豆粒漂洗干净；胡萝卜、马蹄、黄瓜、土豆、豆腐干均洗净，切成小丁；水发木耳撕成小朵，用沸水焯烫一下，捞出、过凉；大葱、姜块均切成细末。

2　净锅置火上，加上植物油烧至五成热，下入葱末、姜末炒香，放入豌豆粒、豆腐干、胡萝卜、马蹄、黄瓜、水发木耳、土豆同炒。

3　烹入料酒，加入精盐、味精、白糖及清汤，烧沸后用水淀粉勾薄芡，淋入香油，出锅装盘即可。

豆皮苦苣卷

原料 × 豆腐皮200克，苦苣、猪肉各75克，绿豆芽、鲜香菇各50克。

调料 × 精盐、味精各1小匙，白糖、酱油各1大匙，蚝油、香油各少许，水淀粉、植物油各适量。

制作步骤

1 猪肉洗净，切成细条；鲜香菇去蒂，洗净，切成块；苦苣择洗干净，切成小段；豆腐皮洗净，切成大片，平铺在案板上，放上少许苦苣段卷起成豆皮苦苣卷，用牙签串好。

2 锅中加上植物油烧热，放入豆皮苦苣卷煎炸至酥软，放入猪肉条、香菇块略炒，加入香油、酱油及适量清水，转小火烧至入味。

3 加入精盐、味精、白糖、蚝油，放入绿豆芽烧至熟嫩，捞出、装盘；把锅中汤汁烧沸，用水淀粉勾芡，出锅浇在豆皮苦苣卷上即可。

豆是好菜

鸡刨豆腐

原料 × 豆腐400克，猪肉末100克，胡萝卜75克，水发海带50克，青椒、红椒各30克，鸡蛋1个。

调料 × 大葱10克，五香粉、精盐、鸡精各1小匙，蚝油1大匙，植物油2大匙。

制作步骤

1 将豆腐片去老皮，放在容器内，磕入鸡蛋，用筷子搅散，加入五香粉拌匀成豆腐蓉。

2 将胡萝卜去根，削去外皮，洗净，切成小丁；青椒、红椒分别去筋、去籽，切成小丁；水发海带洗净，切成碎末；大葱择洗干净，切成葱花。

3 净锅置火上，加入植物油烧至五成热，放入猪肉末炒至变色，加入蚝油炒至上色。

4 放入葱花、胡萝卜丁和水发海带碎炒香，放入调制好的豆腐蓉，加入精盐、鸡精，用旺火翻炒均匀，然后淋入少许明油，放入青椒丁、红椒丁炒匀，出锅装盘即成。

TIPS

鸡刨豆腐制作简单，营养丰富，味美鲜香，可以说是一道零厨艺的家常菜。选料上豆腐不能用内酯豆腐，最好是用水分少的老豆腐来做；另外翻炒时要用旺火，时间也不宜长，否则鸡蛋炒老了，豆腐还会出很多水。

第三章

豆是营养汤羹

五彩豆腐羹

原料 × 内酯豆腐200克，鲜虾100克，胡萝卜75克，香菇50克，青豆15克，鸡蛋1个。

调料 × 大葱、姜块各15克，蒜瓣10克，精盐2小匙，胡椒粉1小匙，香油、水淀粉各适量，植物油1大匙。

制作步骤

1　内酯豆腐切成小丁；鲜虾剥去虾壳，去除沙线，洗净，切成丁；胡萝卜去根、去皮，洗净，切成小丁；香菇去蒂，洗净，切成丁。

2　鸡蛋磕在碗内搅打成鸡蛋液；大葱择洗干净，切成碎末；姜块、蒜瓣去皮，洗净，切成末。

3　净锅置火上，加入清水和精盐烧沸，依次放入青豆、胡萝卜丁、香菇丁焯烫2分钟，再放入虾仁丁略焯一下，捞出、沥水。

4　净锅置火上，加入植物油烧热，下入葱末、姜末、蒜末爆香，倒入适量清水，放入青豆、胡萝卜丁、香菇丁和虾仁调匀，放入豆腐丁、精盐和胡椒粉，用水淀粉勾芡，淋上鸡蛋液、香油即可。

豆是好菜

豆泡白菜汤

原料 × 豆腐泡、大白菜各150克。

调料 × 精盐1小匙，大酱1大匙，鸡精、味精各1/2小匙，清汤750克。

制作步骤

1
豆腐泡用热水浸泡10分钟，再换清水洗净余油，沥净水分，切成厚片；净锅置火上烧热，倒入大酱，用小火煸炒出香味，加入少许的清汤调匀，出锅装碗成大酱汁。

2
大白菜去掉菜根，择去老叶，用清水洗净，沥净水分，切成3厘米长的段(宽的菜叶从中间切开)。

3
锅置火上，加入清汤烧沸，放入白菜段、豆泡片煮至熟，加入大酱汁、精盐煮2分钟至入味，加入鸡精、味精稍煮，盛入汤碗中即可。

西施豆腐羹

原料 × 南豆腐300克，猪肉末75克，火腿、虾仁、草菇各20克，净青豆、枸杞子各5克。

调料 × 姜末、葱花各5克，精盐1小匙，料酒、鸡精、胡椒粉各1/2小匙，清汤适量，水淀粉、植物油各1大匙。

制作步骤

1 南豆腐切成小方丁；虾仁去掉虾线，加上少许精盐、料酒拌匀；火腿、草菇洗净，切成碎粒。

2 净锅置火上，加上植物油烧至五成热，加入姜末炝锅出香味，放入猪肉末煸炒至熟，烹入料酒。

3 倒入清汤煮至沸，撇去表面浮沫，放入草菇粒、火腿粒，加上鸡精、精盐、胡椒粉调好口味，放入豆腐丁、虾仁、净青豆、枸杞子煮至熟，用水淀粉勾芡，撒上葱花，出锅装碗即可。

豆是好菜

素三鲜豆腐

原料、调料 ×

豆腐	300克
鲜香菇	50克
油菜	40克
姜块	5克
精盐	2小匙
香油	1小匙
植物油	1大匙

制作步骤

1 油菜去掉菜根和老叶，用淡盐水浸泡片刻并洗净，捞出，沥净水分，顺长切成两半；姜块去皮，切成小片。

2 鲜香菇漂洗干净，沥水，去掉菌蒂，在香菇顶部斜刀改成小块；豆腐切成4厘米长、高2厘米、宽1厘米左右的大片。

3 净锅置火上，加上清水烧沸，倒入豆腐块、香菇块，加上少许精盐焯烫一下，捞出，沥净水分。

4 锅置火上，加上植物油烧热，加入姜片炝锅，放入清水、香菇、豆腐块、精盐煮5分钟，加入油菜，淋上香油，出锅装碗即成。

泡椒咖喱豆腐

原料 × 豆腐400克，水发香菇75克，泡辣椒25克，香菜段15克，鸡蛋1个。

调料 × 葱花10克，蒜末、姜粒各5克，精盐、味精、面粉、鲜汤、咖喱酱、咖喱粉、泡椒油、植物油各适量。

制作步骤

1　豆腐切成1厘米厚的大片，拍上一层面粉，拖匀鸡蛋（液），下入油锅中炸至金黄色，捞出、沥油；泡辣椒去蒂、去籽，剁成细茸；水发香菇去蒂，坡刀片成厚片，放入沸水锅内焯烫一下，捞出、沥水。

2　炒锅置火上，加上植物油烧至五成热，放上蒜末、姜粒和泡辣椒茸煸香出色，下入咖喱粉、咖喱酱略炒，倒入鲜汤煮沸。

3　放上豆腐片、香菇片、精盐和味精，用中火炖3分钟至入味，出锅倒在汤碗内，撒上香菜段、葱花，浇上烧热的泡椒油即成。

菇耳豆腐汤

原料 × 嫩豆腐250克，水发香菇75克，胡萝卜50克，木耳10克。

调料 × 葱段、姜片各10克，精盐、味精、花椒油各1小匙，水淀粉、植物油各1大匙，猪骨汤750克。

制作步骤

1　嫩豆腐切成小块；木耳用温水泡发，去除杂质，撕成小块，用清水洗净；胡萝卜、水发香菇分别洗净，切成小丁。

2　净锅置火上，加入清水煮至沸，下入水发香菇丁、胡萝卜丁焯烫一下，捞出、沥水。

3　锅置火上，加上植物油烧至四成热，下入葱段、姜片炒香，添入猪骨汤，放入嫩豆腐块、水发木耳、胡萝卜丁、香菇丁煮沸，加入精盐、味精调好口味，用水淀粉勾芡，淋入花椒油，出锅装碗即成。

丝瓜芽豆腐汤

原料、调料 × 　北豆腐1块（约400克），丝瓜芽100克，精盐2小匙，胡椒粉少许，味精1/2小匙，香油1小匙。

制作步骤

1　把丝瓜芽去掉老根，放在容器内，加上清水和少许精盐浸泡5分钟，捞出，换清水洗净，沥净水分，切成小段，再放入沸水锅内焯烫一下，捞出、沥水。

2　北豆腐片去老皮，直接放入清水锅内煮几分钟，捞出、过凉，沥净水分，放在案板上，切成2厘米见方的小块。

3　炖锅置火上，倒入适量的清水，加入豆腐块煮沸，加上精盐，用中火炖约10分钟，加入丝瓜芽煮匀，放入味精、胡椒粉，淋上香油，出锅装碗即成。

双冬豆皮汤

原料 × 豆腐皮3张，冬笋50克，冬菇25克。

调料 × 葱花、姜末各10克，精盐、味精、香油各1/2小匙，酱油2小匙，
植物油2大匙，鲜汤500克。

制作步骤

1　把豆腐皮放入蒸锅内蒸几分钟，取出、凉凉，切成菱形小片；冬菇用温水泡发，除去杂质，洗净，切成丝；冬笋削去外皮，洗净，切成小片。

2　净锅置火上，加入植物油烧热，下入葱花、姜末炒香，添入鲜汤，放入冬菇丝、冬笋片、豆腐皮烧沸。

3　撇去表面浮沫，加入味精、精盐、酱油调好口味，淋入香油，出锅装碗即成。

奶汁豆腐

原料 × 豆腐400克，水发香菇50克，香菜15克。

调料 × 葱段、姜片各5克，干红辣椒2个，精盐、鸡精、胡椒粉、香油各
1小匙，面粉、熟猪油、植物油各1大匙。

制作步骤

1　豆腐切成1厘米厚的片状，再用茶杯（或模具）压成直径3.5厘米的
圆形状，放入热油锅内炸呈金黄色，捞出、沥油；水发香菇去蒂，
切成小块；香菜洗净，切成段；干红辣椒去蒂，切成段。

2　净锅置火上，加入熟猪油烧热，加上面粉炒至微黄且出香味时，注
入清水，加上精盐、鸡精、胡椒粉煮匀，离火成面糊奶汤。

3　净锅加上植物油烧热，放入葱段、姜片、干红辣椒段炝锅，倒入面
糊奶汤，放入豆腐片炖至熟香，撒入香菜段，淋入香油即成。

豆是好菜

雪菜小鱼炖豆腐

原料、调料 ×

北豆腐……… 300克

小黄鱼……… 200克

雪菜………… 100克

大葱………… 15克

姜块………… 10克

精盐………… 1小匙

鸡精、胡椒粉各少许

植物油……… 3大匙

制作步骤

1　将小黄鱼去掉鱼鳞、鱼鳃和内脏，清洗干净，擦净表面水分，加上少许精盐拌匀，腌渍10分钟。

2　净锅置火上，加上植物油烧热，下入小黄鱼煎炸一下，捞出、沥油。

3　北豆腐切成大块；雪菜去根和老叶，用清水漂洗干净，沥水，切成小段；姜块切成片；大葱切成小段。

4　净锅置火上，加上植物油烧热，加入葱段、姜片炸香，把葱姜挑出不用。

5　加入雪菜段、清水、小黄鱼和豆腐块，烧沸后用中火炖煮5分钟，加入精盐、鸡精、胡椒粉调好口味，出锅装碗即可。

豆腐松茸汤

原料 × 豆腐400克，鲜松茸150克。

调料 × 精盐1小匙，味精1/2小匙，酱油2小匙，鸡精少许，清汤适量。

制作步骤

1 把鲜松茸用刀削去根部，放入容器内，加入清水和少许精盐轻轻洗净，取出鲜松茸，放入沸水锅中焯烫30秒钟，捞出，用冷水过凉，沥净水分，切成大片。

2 豆腐用刀从中部横切一刀，再切成小方丁，放入沸水锅中煮约1分钟，捞出、凉凉。

3 砂锅置火上，加入清汤、精盐、酱油、鸡精和味精煮沸，放入松茸片和豆腐块煮几分钟，离火上桌即成。

米椒豆苗鱼骨汤

原料 × 豌豆苗250克，鱼骨1大块，米椒20克。

调料 × 精盐1小匙，味精1/2小匙，白糖、葱油各少许，鸡汤750克，植物油1大匙。

制作步骤

1 豌豆苗去掉根，用清水漂洗干净，沥净水分；米椒去蒂、去籽，拍松；把鱼骨洗净，剁成1厘米宽的大块，放入沸水锅中焯烫2分钟，捞出、沥水。

2 净锅置火上，加上植物油烧至六成热，下入米椒炝锅出香味，倒入鸡汤，放入鱼骨块煮5分钟。

3 加上精盐、白糖、味精调好口味，再沸后放入豌豆苗，淋上葱油，离火装碗即成。

豆是好菜

蛋黄豆腐

原料 × 嫩豆腐250克，鸭蛋黄75克，香菜25克。

调料 × 香葱15克，精盐1小匙，鸡精1/2小匙，老抽少许、水淀粉1大匙，植物油适量。

制作步骤

1　把嫩豆腐切成小丁，放入沸水锅内焯烫一下，捞出、沥水；香葱去根，洗净，切成小丁；香菜去根和老叶，洗净，切成碎末；鸭蛋黄压碎成蓉。

2　净锅置火上，加入植物油烧热，下入鸭蛋黄蓉煸炒出香味，倒入适量清水煮至沸。

3　放入嫩豆腐丁煮几分钟，撇去浮沫，加入老抽、鸡精、精盐调好汤汁口味，用水淀粉勾薄芡，出锅倒在容器内，撒上香葱丁、香菜末即可。

发菜豆腐汤

原料 × 豆腐250克，番茄50克，鲜蘑菇、冬笋各25克，发菜10克。

调料 × 精盐1小匙，味精1/2小匙，料酒1大匙，水淀粉4小匙，清汤
1000克，植物油少许。

制作步骤

1　豆腐切成大片，放入沸水锅内焯烫一下，捞出；发菜用温水浸泡至
软，放入汤锅内煮5分钟，捞出；番茄去蒂，切成小片；鲜蘑菇、冬
笋分别择洗干净，切成片，放入沸水锅内焯水，捞出、沥水。

2　净锅置火上，放入植物油烧至八成热，加入冬笋片、蘑菇片炒匀，
烹入料酒，放入水发发菜，加入清汤煮沸。

3　用小火煮5分钟，加入豆腐片和番茄片，待汤再沸时加入精盐、味精
调好口味，用水淀粉勾薄芡，出锅装碗即成。

菊香豆腐煲

原料 × 南豆腐200克，鸡胸肉100克，净虾仁75克，菊花、油菜心各25克，鸡蛋清2个。

调料 × 大葱、姜块各15克，精盐2小匙，味精、胡椒粉各少许，料酒、水淀粉各1大匙，植物油2大匙。

制作步骤

1　菊花取花瓣，洗净；油菜心洗净，放入清水锅内略焯，捞出；大葱、姜块放入粉碎机内，加入鸡胸肉、鸡蛋清、虾仁和南豆腐。

2　再加上胡椒粉和料酒，用中高速打碎，加入精盐和味精搅成豆腐鸡肉浓糊，倒入容器内，放入蒸锅蒸15分钟，放入油菜心蒸1分钟。

3　锅中加上植物油烧热，放入大葱、姜块爆香，取出葱姜不用，加上料酒和清水烧沸，加入精盐、味精、胡椒粉调匀，用水淀粉勾芡，放入少许净虾仁调匀，倒在蒸好的豆腐上，撒上菊花瓣即可。

小白菜炖豆腐

原料、调料 ×

豆腐········· 300克

小白菜······ 150克

枸杞子··········5克

姜块··········· 15克

精盐·········1小匙

胡椒粉········ 少许

味精········1/2小匙

熟猪油········2大匙

制作步骤

1 将小白菜去根和老叶，放入淡盐水中浸泡并洗净，捞出，沥净水分，切成小段；枸杞子择洗干净。

2 豆腐片去老皮，放入清水锅内煮2分钟，捞出、过凉，切成大片；姜块去皮，洗净，切成小片。

3 炒锅置火上，加入熟猪油烧热，放入姜片炝锅出香味。

4 加入豆腐片，倒入足量的清水煮沸，撇去浮沫，用中小火煮10分钟，加入精盐、味精、胡椒粉调好口味，出锅装碗即成。

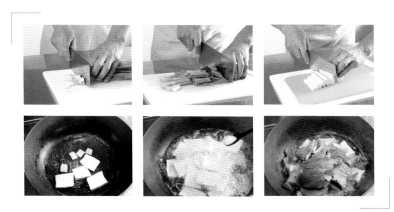

豆是好菜

什锦腐皮汤

原料 × 豆腐皮150克，菠菜100克，胡萝卜75克，香菇50克。

调料 × 葱花少许，精盐1小匙，酱油2小匙，鸡精1/2小匙，料酒1大匙，鸡汤
      1000克。

制作步骤

1 将豆腐皮放入蒸锅内蒸几分钟，取出、凉凉，切成细条；香菇去
  蒂、洗净，在表面剞上十字花刀；胡萝卜去根、去皮，洗净，切成
  长条。

2 把菠菜去掉菜根和老叶，洗净，放入沸水锅中焯烫一下，捞出、挤
  干水分，切成小段。

3 锅内加入鸡汤煮沸，下入豆腐皮条、香菇，胡萝卜、精盐、料酒、
  酱油、鸡精煮5分钟，放入菠菜段，撒上葱花，出锅装碗即成。

豆芽排骨汤

原料 × 鲜猪排骨、黄豆芽各300克，香菜段10克。

调料 × 葱段、姜片各15克，精盐1小匙，料酒1大匙，味精、鸡精、胡椒
　　　粉、香油各少许。

制作步骤

1　鲜猪排骨顺骨缝划开，剁成3厘米大小的块，放入冷水锅内，烧沸后
　　煮约5分钟，捞出，换清水洗净；黄豆芽除皮、掐根，放入沸水锅中
　　焯至断生，捞出，换冷水过凉，沥水。

2　高压锅内添入适量清水，放入排骨块、葱段、姜片和料酒，上火压
　　约15分钟，离火、揭盖，拣出葱段、姜片不用。

3　放入黄豆芽，加上精盐、味精、鸡精和胡椒粉，继续炖10分钟，起
　　锅盛在汤盆内，淋上香油，撒上香菜段即可。

海味白菜干豆腐

原料、调料 × 　干豆腐皮200克，大白菜150克，大葱、姜块各5克，虾酱、面粉各1大匙，白糖2小匙，料酒4小匙，海鲜酱油、米醋、香油各少许，植物油2大匙。

制作步骤

1　把虾酱放在小碗内，加上面粉、白糖、少许料酒和植物油调拌均匀，放入蒸锅内蒸10分钟，取出、凉凉；大葱去根和老叶，切成葱花；姜块去皮，切成碎末。

2　大白菜去掉菜根，取嫩白菜帮，用清水漂洗干净，切成小条；干豆腐皮放入蒸锅内蒸5分钟，取出、凉凉，切成小条。

3　净锅置火上，加上植物油烧至六成热，加入葱花、姜末炝锅出香味，放入白菜条煸炒至软，加上虾酱炒匀。

4　放入豆腐皮、料酒、海鲜酱油、米醋和适量的清水，用中火烧烩5分钟至入味，淋上香油，出锅装碗即成。

五豆汤

原料 × 黄豆40克，红腰豆、黑豆各30克，芸豆25克，青豆20克，甘草
　　　10克。

调料 × 白糖适量。

制作步骤

1 将黄豆、红腰豆、黑豆、芸豆分别择洗干净，全部放在容器内，加
上适量的清水浸泡约12小时至涨发，捞出、沥水（浸泡过程中需要
换清水3次）；青豆、甘草洗净。

2 净锅置火上烧热，加入适量的清水煮至沸，放入黄豆、红腰豆、黑
豆、芸豆调匀。

3 加上甘草、青豆和白糖，再沸后撇去浮沫，转小火煮约40分钟至软
嫩熟香，出锅装碗即成。

干贝豆腐汤

原料 × 嫩豆腐1块，水发干贝75克，熟火腿、水发香菇、青豆各25克，鸡蛋清3个。

调料 × 精盐、味精各1小匙，料酒1大匙，水淀粉2大匙，牛奶、清汤各1杯，香油少许。

制作步骤

1 嫩豆腐放在容器内，加入鸡蛋清搅拌，放入牛奶、精盐和味精，充分搅拌均匀，倒在汤碗内，放入蒸锅内，用中火蒸20分钟，取出，用小刀划成菱形方块。

2 水发干贝放入碗内，加入清汤和料酒，上笼蒸10分钟，取出；熟火腿、水发香菇分别切成小片；青豆洗净。

3 净锅置火上，加入水发干贝（连汤汁）、精盐、味精、熟火腿片、香菇片、青豆煮沸，用水淀粉勾芡，淋入香油，浇在豆腐上即成。

豆是好菜

酸辣豆皮汤

原料、调料 ×

豆腐皮……	150克
菠菜……	100克
木耳……	15克
小米椒……	10克
大葱、姜块	各15克
精盐……	1小匙
鸡精……	1/2小匙
胡椒粉……	2小匙
米醋……	2大匙
植物油……	1大匙

制作步骤

1 豆腐皮用温水浸泡至涨发，捞出、沥水，切成长条；木耳用清水浸泡至涨发，捞出，去蒂，洗净，撕成小朵。

2 菠菜去根和老叶，洗净，切成段；小米椒去蒂，洗净，切成小丁；大葱洗净，切成葱花；姜块洗净，切成小片。

3 净锅置火上，加入适量清水烧沸，下入菠菜段焯烫至熟，捞出、沥水；清水锅内再放入豆腐皮、水发木耳块焯烫一下，捞出。

4 净锅复置火上，加入植物油烧至六成热，下入葱花、姜片、小米椒煸炒出香辣味。

5 加入适量清水、精盐、鸡精、胡椒粉、米醋，放入豆腐皮条、水发木耳、菠菜段煮至入味，撇去浮沫，出锅装碗即可。

豆腐什锦煲

原料 × 老豆腐1大块，金针菇、芥蓝菜、水发木耳、水发银耳、竹笋、水发香菇粒、熟火腿粒各少许。

调料 × 精盐1小匙，白糖少许，淀粉、面粉各1大匙，清汤、蚝油、水淀粉、香油、植物油各适量。

制作步骤

1 把金针菇、水发木耳、水发银耳分别择洗干净；竹笋切成小片；老豆腐压成蓉，加上水发香菇粒、熟火腿粒、精盐、白糖、淀粉和面粉拌匀，挤成椭圆形，放入油锅内炸至金黄色，捞出、沥油。

2 净锅置火上，加入清汤煮沸，放入金针菇、水发木耳、水发银耳、竹笋片和老豆腐煮匀。

3 加入蚝油、精盐，再加入焯烫好的芥蓝菜调匀，用水淀粉勾芡，淋上香油，出锅装碗即成。

双椒豆腐煲

原料 × 豆腐1大块，水发香菇块100克，香菜段50克，泡山椒35克，泡辣椒25克。

调料 × 葱花、姜末各15克，精盐1大匙，味精2小匙，胡椒粉少许，植物油、泡椒油各2大匙，鲜汤适量。

制作步骤

1 把豆腐切成长方片，放入热油锅中炸至淡黄色，捞出、沥油；泡辣椒剁成蓉；取20克泡山椒切碎。

2 锅中加上植物油烧热，下入葱花、姜末炸香，放入少许泡辣椒蓉、泡山椒碎煸炒出红油，放入水发香菇块、鲜汤、豆腐片、精盐、味精、胡椒粉煮10分钟，盛入汤碗内。

3 净锅置火上，加上泡椒油、泡辣椒蓉、泡山椒炒出香辣味，倒在盛有豆腐片的碗中，撒上香菜段即成。

第四章

豆是
小食饮品

豆是好菜

石板豆腐

原料 × 内酯豆腐2盒，五花猪肉100克，洋葱75克，香葱25克。

调料 × 韩式辣酱2大匙，海鲜酱油1大匙，鸡精少许，植物油适量。

制作步骤

1 锅置火上，加上适量的清水烧沸，把内酯豆腐盒盖打开，带盒一起放入锅中烫热；五花猪肉去掉筋膜，切成小粒；洋葱剥去外层老皮，切成细末；香葱择洗干净，切成香葱花。

2 净锅置火上，加上植物油烧至五成热，下入五花肉粒煸炒出香味，加入洋葱末和一半的香葱花炒香。

3 加上海鲜酱油、韩式辣酱、鸡精和少许清水，用中火炒至浓稠入味，出锅成酱料。

4 把石板放在火上预热5分钟，离火；把内酯豆腐取出，切成厚片，放在烧热的石板上，浇上酱料，撒上香葱花即可。

豆是好菜

拔丝豆腐

原料 × 豆腐400克

调料 × 精盐1小匙，白糖4大匙，淀粉125克，植物油适量

制作步骤

1 把豆腐放入沸水锅内焯烫一下，捞出、过凉，切成2厘米大小的块，加上精盐拌匀，腌渍5分钟，沥水。

2 净锅置火上，加上植物油烧至六成热，把豆腐块拍上一层淀粉，放入油锅内炸至色泽金黄，捞出、沥油。

3 净锅复置火上烧热，加入白糖和清水（白糖和清水比例1:3），用小火熬制，待锅内糖色发黄并起小泡时，倒入炸好的豆腐块，快速翻炒均匀，装入抹有油的盘中，带凉开水一起上桌蘸食。

饭酥虾仁豆腐

原料 × 大米饭200克，豆腐、虾仁各150克，鸡蛋清1个。

调料 × 葱末、姜末各5克，精盐1小匙，胡椒粉、味精各1/2小匙，淀粉少许，料酒2小匙，植物油适量。

制作步骤

1　豆腐放入淡盐水中浸泡并洗净，取出，用刀面碾压成豆腐泥；将大米饭放入大碗中，加入适量清水调拌均匀，再沥干水分。

2　虾仁去除沙线，洗净，用刀背剁成虾泥，放入碗中，加入料酒、精盐、鸡蛋清、胡椒粉、葱末、姜末搅匀至上劲，再放入淀粉、豆腐泥调匀，制成豆腐虾泥馅料。

3　在大米饭中放入淀粉拌匀，裹上调好的豆腐虾泥馅料，团成生坯，放入烧热的油锅内煎约5分钟至熟，出锅装盘即可。

五香毛豆

原料、调料 ×

新鲜毛豆…… 500克

大葱………… 25克

姜块………… 10克

花椒………… 少许

八角…………2瓣

香叶…………3片

桂皮…………1小块

干辣椒………3个

精盐…………1大匙

制作步骤

1　将新鲜毛豆用清水漂洗干净，沥净水分，用剪刀把两端尖角剪断；大葱去根和老叶，切成小段；姜块去皮，切成片。

2　净锅置火上，加入足量的清水，放入葱段、姜片、八角、香叶、桂皮、花椒和干红辣椒调匀。

3　再加入处理好的毛豆，烧沸后加入精盐，用小火煮约20分钟至熟嫩，离火。

4　把煮好的毛豆浸泡在原汁内，食用时捞出，装盘上桌即成。

红花豆芽粥

原料 × 黄豆芽150克，大米75克，红花5克。

调料 × 姜块15克。

制作步骤

1　把姜块洗净，去皮，切成细丝；红花放在小碗内，加上少许温水浸泡片刻，捞出、沥水；黄豆芽用淡盐水浸泡并洗净，捞出，沥水，除去根须；大米淘洗干净。

2　净锅置火上，加入适量的清水，放入淘洗好的大米，再加上姜丝和红花煮沸。

3　改用中火煮约20分钟至大米近熟，加入黄豆芽，继续用中火煮10分钟，出锅装碗即成。

豆浆甜粥

原料 × 豆浆汁500克，粳米100克。
调料 × 白砂糖2大匙，鲜汤1000克。

制作步骤

1　把粳米去掉杂质，用清水淘洗干净，放在大碗内，加入清水200克浸泡30分钟，捞出。

2　净锅置火上烧热，加入鲜汤，倒入粳米煮至沸，撇去浮沫和杂质，转小火煮约1小时至米粒软烂黏稠。

3　再加入豆浆汁、白砂糖煮约5分钟，待米粥表面有粥油时，出锅装碗即成。

营养功效

豆浆甜粥具有增进生理活性、消除疲劳、帮助新陈代谢等功效，适宜肾精不足、脾胃不和、脾肾阳虚、肝血不足者食用。

南瓜杂豆饭

原料、调料× 小南瓜1个（约重1000克），红豆、绿豆各75克，大米50克，黑米、糯米、小米各40克，白糖适量。

制作步骤

1 将小南瓜洗净，擦净表面水分，切开上半部大概五分之一处，去掉南瓜瓤成南瓜盅。

2 将红豆、绿豆择洗干净，加入适量的清水浸泡10～12小时；黑米、小米、糯米、大米淘洗干净，也放入清水中浸泡1小时。

3 把浸泡好的红豆、绿豆、黑米、小米、糯米、大米控净水分，加上白糖拌匀，倒入南瓜盅内。

4 蒸锅置火上，放上南瓜盅，盖上锅盖，用旺火蒸约30分钟至熟嫩，离火，取出上桌即成。

五彩杂豆饭

原料 × 糯米75克，绿豆、红豆、玉米粒、黑米、小米各50克。

调料 × 白糖3大匙。

制作步骤

1 把绿豆、红豆和玉米粒分别择洗干净，一起放入清水中浸泡10小时；糯米、黑米洗净，放入清水中浸泡6小时；小米淘洗干净，用清水浸泡1小时。

2 把浸泡好的绿豆、红豆、玉米粒、糯米、黑米和小米放入家用电饭锅内，加入1.5倍的清水，盖严盖，定时20分钟。

3 时间到并见开关跳起后，揭开锅盖，加上白糖搅拌均匀，盖上锅盖，再焖5分钟即可。

营养功效

五彩杂豆饭营养丰富且均衡，有清热利湿、消肿除痹、祛黑痣、治疣赘、润肌肤的功效，对脾胃湿热、高血脂有食疗作用。

营养功效

大米富含碳水化合物，与含有丰富纤维素和植物多糖的豌豆粒等制作成菜，能丰富花样，且可以预防贫血，促进儿童成长发育。

豌豆烤饭

原料 × 大米100克，鲜豌豆粒 75克，胡萝卜、面包糠各50克，鸡蛋1个，洋葱碎10克。

调料 × 精盐1小匙，熟猪油适量。

制作步骤

1 将大米淘洗干净，放入清水锅内煮成大米饭；当大米饭将熟时，放入洗净的胡萝卜蒸熟，取出胡萝卜，切成丁。

2 把鸡蛋磕入大碗中，加入熟胡萝卜丁、鲜豌豆粒、精盐、洋葱碎、熟猪油和大米饭拌匀。

3 烤盘内抹一层熟猪油，铺入一层面包糠，把拌好的大米饭放在上面并抹平，再抹上一层熟猪油，放入烤箱内烤至表面呈金黄色，取出装盘即可。

黄豆牛肉酱

原料、调料 ×

水发黄豆…	150克
牛肉………	100克
大葱…………	15克
姜块………	10克
蒜瓣……………	5克
黄豆酱………	1大匙
豆瓣酱、豆豉各2小匙	
白糖…………	1小匙
五香粉……	1/2小匙

冰糖、辣椒粉各少许
香油、植物油各适量

制作步骤

1　水发黄豆放入清水锅内煮至熟，捞出、过凉，沥水；牛肉去掉筋膜，切成碎粒。

2　大葱去根和老叶，切成葱花；姜块去皮，切成末；蒜瓣去皮，切成蒜片。

3　净锅置火上，加上植物油烧至六成热，放入牛肉碎粒煸炒出香味，继续炒干水分。

4　加入辣椒粉、葱花、姜末、蒜片继续翻炒片刻，放入黄豆酱、豆瓣酱、豆豉和水发黄豆炒匀。

5　加入清水、白糖、五香粉、冰糖，用小火慢炒并用手勺不停搅拌，直到汤汁收干，淋上香油翻炒几下，出锅装碗即成。

豆面糕

原料 × 粘黄米粉、红豆沙馅各500克，黄豆100克，白芝麻、冰糖渣各 25克，青梅10克。

调料 × 糖桂花5克，白糖150克。

制作步骤

1　粘黄米粉放入容器内，加上温水和成面团，发酵后放入蒸锅内蒸熟，取出，浇入少许热水拌匀成黄米粉团；黄豆洗净，放入锅内，用小火炒40分钟至呈棕黄色时，取出、碾面，过滤成黄豆粉。

2　白芝麻放入锅内，用小火焙成金黄色，擀压成碎末；青梅切成碎末，加上白糖、冰糖渣、糖桂花、芝麻碎拌匀成糖料。

3　把熟黄豆粉撒在案板上，放上黄米粉团揉匀，擀成长圆形大片，抹上红豆沙馅摊平，卷成直径为3.5厘米左右的长卷，再切成均匀的小段，码放在盘内，食用时撒上糖料即成。

豆面枣窝头

原料 × 黄豆面300克，面粉200克，红枣75克。

调料 × 酵母1小匙，白糖4大匙。

制作步骤

1 红枣用清水洗净，擦净表面水分，去掉果核，留红枣果肉；酵母放在容器内，加上白糖和少许30℃左右温水中调拌至溶化，再加上黄豆面、面粉拌匀成豆面粉团。

2 豆面粉团盖上湿布，饧发30分钟，搓成长条，下成每个重约100克的面剂，揉成小圆馒头形，再搓出个尖，用食指在底部钻个洞，放入红枣果肉成窝头生坯。

3 把窝头生坯摆放在屉上饧10分钟，再放入蒸锅内，用旺火约15分钟，出锅装盘即成。

豆是好菜

椰奶清补凉

原料 × 芒果、西瓜各125克，红豆、绿豆、薏米、西米各30克，葡萄干
　　　15克，鹌鹑蛋6个，银耳1朵。

调料 × 白糖2大匙，蜂蜜1大匙，椰奶500克。

制作步骤

1　将红豆、绿豆、薏米淘洗干净，放入清水中浸泡几个小时，取出，
　　全部放入砂锅内，加入适量清水，置旺火上煮沸，再改用小火煮约
　　20分钟。

2　下入淘洗好的西米，继续煮约10分钟成粥，加入白糖、蜂蜜调好豆
　　粥口味，离火、凉凉。

3　将银耳用清水浸泡至涨发，取出，去掉根蒂，撕成小朵；芒果去
　　皮、去核，取果肉，切成丁；西瓜去皮、去籽，切成丁；鹌鹑蛋放
　　入清水锅内煮熟，取出、过凉，剥去外壳。

4　将银耳块、西瓜丁、鹌鹑蛋、芒果丁放在容器内，放入洗净的葡萄
　　干及煮好的豆粥，倒入椰奶搅拌一下，即可上桌饮用。

布丁红豆沙

原料 × 红豆300克，巧克力布丁粉150克。

调料 × 牛奶400克，白砂糖适量。

制作步骤

1 巧克力布丁粉放入容器内，加入牛奶、白砂糖调拌均匀成浓糊，放入烧热的净锅内，小火煮至浓稠，盛入容器内，放入冰箱中冷却2小时，取出，切成小块成巧克力布丁。

2 红豆淘洗干净，放入清水中浸泡8小时，再换清水洗净，放入净锅内，加入足量的清水煮沸。

3 盖上锅盖，用中小火煮约30分钟，加入白砂糖煮至红豆起沙，出锅、装碗，放上巧克力布丁块即可。

营养功效

布丁红豆沙口感甜润，清香味美，具有清利湿热、降压降脂、抗菌消炎、利尿通便、解除毒素等功效。

营养功效

绿豆中含有多种营养物质，以蛋白质和碳水化合物最为丰富，搭配胡萝卜成豆沙，有清热解暑、润喉止渴、明目降压等功效。

红参绿豆沙

原料 × 绿豆200克，胡萝卜（红参）100克。

调料 × 白糖2大匙，蜂蜜1大匙。

制作步骤

1　把绿豆淘洗干净，放入温水中浸泡几个小时，捞出；胡萝卜洗净，去根，削去外皮，切成小粒。

2　净锅置火上，加入适量清水，放入绿豆，烧沸后改用小火煲约1小时至绿豆软烂。

3　撇去浮沫和杂质，加入胡萝卜粒，继续小火煲10分钟，加入白糖和蜂蜜煮匀，出锅装碗即成。

防暑三豆饮

原料、调料 ×

绿豆………… 50克

红小豆……… 50克

黄豆………… 50克

冰糖………… 适量

制作步骤

1 把绿豆、红小豆、黄豆用清水冲净，各自放入大碗中，倒入适量的清水淹没豆子。

2 浸泡三种豆子的时间至少要3个小时，浸泡中途要观察豆子的"吃"水量并及时补水。

3 锅内加入足量的纯净水煮沸，放入泡好的绿豆、红小豆和黄豆，再沸后加上冰糖，继续用旺火煮5分钟。

4 转小火后盖上锅盖煮30分钟，打开锅盖，撇去豆皮，即可关火，盛在容器内即成。

营养功效

菠萝红豆沙不但能够充饥，还能起到很好的食疗作用，具有清热解毒、止渴解烦、健脾解渴、消肿祛湿、醒酒益气的功效。

菠萝红豆沙

原料 × 红豆100克，菠萝半个。

调料 × 淀粉2大匙，精盐少许，白糖适量。

制作步骤

1 红豆洗净，放在容器内，倒入适量的温水浸泡4小时，捞出；菠萝削去外皮，去掉果眼，取菠萝果肉，切成小块，放在碗内，加上清水和精盐浸泡10分钟；淀粉放在小碗内，加上清水调匀成水淀粉。

2 净锅置火上，注入适量的清水，放入红豆煮沸，先用旺火煮5分钟，再改用小火煮约30分钟至豆熟。

3 加入菠萝块继续煮沸，放入白糖煮至溶化，慢慢倒入水淀粉勾芡并搅匀，出锅装碗即可。

香滑绿豆沙

原料 × 绿豆150克，陈皮10克。

调料 × 白糖适量。

制作步骤

1　将绿豆洗净，放在容器内，加上适量的温水浸泡几个小时，再换清水漂洗干净；陈皮用温水浸泡片刻，洗净，撕成小块。

2　取高压锅一个，加入适量清水，放上浸泡好的绿豆和陈皮，盖上高压锅盖，煮约20分钟至熟。

3　将煮熟的绿豆陈皮倒入榨汁机内，加入白糖，用中速搅打成糊状，盛入碗中即可。

营养功效

香滑绿豆沙适宜夏季经常食用，其口感香滑爽口，并且具有清暑益气、清热解毒、止渴利尿、增强体力等功效。

凉薯薏米红豆饮

原料、调料 × 凉薯1个（约750克），红豆100克，薏米75克，红枣50克，蜂蜜2大匙。

制作步骤

1 凉薯去掉根，放入淡盐水中浸泡并刷洗干净，擦净表面水分，在距凉薯尾部三分之一处切下做成盖，再把凉薯内的瓤挖出；红枣洗净，去掉枣核，取净红枣果肉。

2 把红豆、薏米放入清水中浸泡4~6小时（一般红豆浸泡4小时，薏米要泡6小时以上），再把红豆、薏米放入放入净锅内，倒入适量的清水煮至熟，撇去杂质。

3 把红枣果肉、煮熟的红豆、薏米放入凉薯中，加上蜂蜜调拌均匀，放入蒸锅中，盖上之前切下的另一半凉薯，用旺火蒸约25分钟，取出，直接上桌即成。

豆是好菜

香蕉豆芽汁

原料 × 黄豆芽300克,香蕉1根。

调料 × 老姜1小块,冰糖25克。

制作步骤

1 将黄豆芽去掉根,放入容器中,加入清水浸泡5分钟,再换清水漂洗干净,捞出、沥水;香蕉剥去外皮,取香蕉果肉,切成大块;老姜去皮,洗净,切成小片。

2 把黄豆芽、香蕉块、老姜片放入榨汁机中,加上少许的矿泉水,放入砸碎的冰糖,用中速搅打均匀成香蕉豆芽汁,取出倒在杯内,直接饮用即可。

营养功效

香蕉豆芽汁具有清热利湿、益气生血、养肝明目、抗疲劳等功效,有助于降胆固醇,防止动脉硬化和牙龈出血等。

营养功效

核桃紫米黑豆浆具有滋阴补肾、健脾养胃、调理气血等功效，对肾虚阴亏、尿频、头晕目眩、视物昏暗、须发早白有调理作用。

核桃紫米黑豆浆

原料 × 黑豆100克，紫米50克，核桃4个。

调料 × 白糖适量。

制作步骤

1　黑豆洗净，放入容器内，加上适量的温水浸泡6小时，再换清水洗净；紫米淘洗干净，放入小盆中，加入适量清水浸泡约4小时，捞出，换清水洗净。

2　把核桃放入蒸锅内，用旺火蒸约10分钟，取出、凉凉，捣碎外壳，取净核桃仁。

3　把泡好的黑豆、紫米和核桃仁放入全自动豆浆机中，倒入泡紫米的水打成豆浆，加上白糖搅匀，取出，倒入碗中即可。

豆是好菜

红豆南瓜饮

原料、调料 ×

红豆……… 125克
南瓜1块（约250克）
冰糖……… 适量

制作步骤

1 把红豆淘洗干净，放入大碗中，倒入适量的温水浸泡4小时。

2 南瓜洗净，削去外皮，去掉南瓜瓤，切成滚刀块。

3 净锅置火上，倒入足量的清水，放入浸泡好的红豆煮沸，先用旺火煮5分钟，再改用小火煮45分钟。

4 放入南瓜块，继续用小火煮至南瓜块软烂，加入冰糖煮至冰糖溶化，离火，倒在容器内即成。

营养功效

双瓜绿豆浆有清热解毒、除烦止渴、养肝护肾、利水消肿等功效，能降血脂和血压，对心胸烦热、小便不利、高血脂症等有食疗功效。

双瓜绿豆浆

原料 × 绿豆100克，西葫芦半个，冬瓜1大块。

调料 × 白糖适量。

制作步骤

1. 把绿豆淘洗干净，放在容器内，倒入适量的温水浸泡4小时，捞出、沥水。

2. 西葫芦洗净，去根，削去外皮，去掉瓜瓤，切成小块；冬瓜洗净，去掉瓜瓤，带皮切成小块。

3. 把绿豆、西葫芦块、冬瓜块放入全自动豆浆机内，加入白糖和适量清水打成豆浆，取出，倒在杯内即可饮用。

黄豆芝麻浆

原料 × 黄豆125克，芝麻50克。
调料 × 白糖适量。

制作步骤

1 把黄豆淘洗干净，放在容器内，倒入适量的温水浸泡6小时，捞出、沥水；芝麻放入净锅内煸炒出香味，出锅、凉凉。

2 将泡好的黄豆倒入全自动豆浆机中，加上芝麻和适量的清水，用中速搅打成豆浆。

3 把打好的豆浆过滤，去掉豆皮和杂质，倒入杯内，加入白糖调拌均匀，即可直接饮用。

营养功效 黄豆芝麻浆有健脾养胃、利水除湿、清热解毒等功效，能够帮助人体排出多余的胆固醇，有降血压、降胆固醇的作用。

图书在版编目（CIP）数据

豆是好菜 / 黄蓓编著. -- 长春 ：吉林科学技术出
版社，2017.3
ISBN 978-7-5578-1487-8

Ⅰ．①豆… Ⅱ．①黄… Ⅲ. ①豆制食品－菜谱 Ⅳ.
①TS972.123

中国版本图书馆CIP数据核字(2016)第270123号

豆是好菜
Dou Shi Hao Cai

编　　著　黄　蓓
出版人　李　梁
责任编辑　张恩来
封面设计　长春创意广告图文制作有限责任公司
制　　版　长春创意广告图文制作有限责任公司
开　　本　720mm×1000mm　1/16
字　　数　150千字
印　　张　12
印　　数　1-6 000册
版　　次　2017年3月第1版
印　　次　2017年3月第1次印刷
出　　版　吉林科学技术出版社
发　　行　吉林科学技术出版社
地　　址　长春市人民大街4646号
邮　　编　130021
发行部电话/传真　0431-85677817　85635177　85651759
　　　　　　　　　　85651628　85600611　85670016
储运部电话　0431-86059116
编辑部电话　0431-85610611
网　　址　www.jlstp.net
印　　刷　吉广控股有限公司
书　　号　ISBN 978-7-5578-1487-8
定　　价　29.90元
如有印装质量问题可寄出版社调换